# Aktuelle Forschung Medizintechnik – Latest Research in Medical Engineering

**Editor-in-Chief:**
Th. M. Buzug, Lübeck, Deutschland

Unter den Zukunftstechnologien mit hohem Innovationspotenzial ist die Medizintechnik in Wissenschaft und Wirtschaft hervorragend aufgestellt, erzielt überdurchschnittliche Wachstumsraten und gilt als krisensichere Branche. Wesentliche Trends der Medizintechnik sind die Computerisierung, Miniaturisierung und Molekularisierung. Die Computerisierung stellt beispielsweise die Grundlage für die medizinische Bildgebung, Bildverarbeitung und bildgeführte Chirurgie dar. Die Miniaturisierung spielt bei intelligenten Implantaten, der minimalinvasiven Chirurgie, aber auch bei der Entwicklung von neuen nanostrukturierten Materialien eine wichtige Rolle in der Medizin. Die Molekularisierung ist unter anderem in der regenerativen Medizin, aber auch im Rahmen der sogenannten molekularen Bildgebung ein entscheidender Aspekt. Disziplinen übergreifend sind daher Querschnittstechnologien wie die Nano- und Mikrosystemtechnik, optische Technologien und Softwaresysteme von großem Interesse.

Diese Schriftenreihe für herausragende Dissertationen und Habilitationsschriften aus dem Themengebiet Medizintechnik spannt den Bogen vom Klinikingenieurwesen und der Medizinischen Informatik bis hin zur Medizinischen Physik, Biomedizintechnik und Medizinischen Ingenieurwissenschaft.

Yavuz Selim Mutlu

# Einstellung von Volumenströmen im Bereich der Nanofluidik

## Entwicklung einer Fluid-Drossel aus porösen Keramiken

 Springer Vieweg

Yavuz Selim Mutlu
Universität zu Lübeck, Deutschland

Dissertation Universität zu Lübeck, 2015

Aktuelle Forschung Medizintechnik – Latest Research in Medical Engineering
ISBN 978-3-658-11355-1          ISBN 978-3-658-11356-8 (eBook)
DOI 10.1007/978-3-658-11356-8

Die Deutsche Nationalbibliothek verzeichnet diese Publikation in der Deutschen Nationalbi-
bliografie; detaillierte bibliografische Daten sind im Internet über http://dnb.d-nb.de abrufbar.

Springer Vieweg
© Springer Fachmedien Wiesbaden 2016

Springer Fachmedien Wiesbaden ist Teil der Fachverlagsgruppe Springer Science+Business Media
(www.springer.com)

# Vorwort des Reihenherausgebers

Das Werk *Einstellung von Volumenströmen im Bereich der Nanofluidik. Entwicklung einer Fluid-Drossel aus porösen Keramiken* von Dr.-Ing. Yavuz Selim Mutlu ist der 21. Band der Reihe exzellenter Dissertationen des Forschungsbereichs Medizintechnik im Springer Vieweg Verlag. Die Arbeit von Dr. Mutlu wurde durch einen hochrangigen wissenschaftlichen Beirat dieser Reihe ausgewählt. Springer Vieweg verfolgt mit dieser Reihe das Ziel, für den Bereich Medizintechnik eine Plattform für junge Wissenschaftlerinnen und Wissenschaftler zur Verfügung zu stellen, auf der ihre Ergebnisse schnell eine breite Öffentlichkeit erreichen.

Autorinnen und Autoren von Dissertationen mit exzellentem Ergebnis können sich bei Interesse an einer Veröffentlichung ihrer Arbeit in dieser Reihe direkt an den Herausgeber wenden:

Prof. Dr. Thorsten M. Buzug
Reihenherausgeber Medizintechnik

Institut für Medizintechnik
Universität zu Lübeck
Ratzeburger Allee 160
23562 Lübeck
Web: www.imt.uni-luebeck.de
Email: buzug@imt.uni-luebeck.de

# Danksagung

Die vorliegende Arbeit entstand während meiner Tätigkeit als wissenschaftlicher Mitarbeiter im Labor für medizinische Geräte- und Sensortechnik an der Fachhochschule Lübeck.

In erster Linie möchte ich mich bei Herrn Prof. Dr. rer. nat. Bodo Nestler für die wissenschaftliche Betreuung bedanken. Besonders bedanken möchte ich mich dabei für die mir gewährten Freiheiten bei der Entwicklung neuer Ideen und die angenehme Atmosphäre in der Arbeitsgruppe.

Daneben bedanke ich mich bei Herrn Prof. Dr. rer. nat. Thorsten Buzug und Herrn Prof. Dr.-Ing. Andreas Guber für das Interesse und die Begutachtung meiner Arbeit. Bei Herrn Prof. Dr. Ing. Alfred Mertins bedanke ich mich für die Übernahme des Vorsitzes des Prüfungsausschusses.

Meinen Arbeitskollegen, insbesondere Prof. Dr.-Ing. Stephan Klein für die fachliche Betreuung aus der Ingenieursperspektive, Herrn Dr. rer. nat Christian Damiani, Herrn Jörg Schroeter und Herrn Tobias Klepsch für die Ideen und Ratschläge bei alltäglichen Aufgaben gilt ebenfalls ein großer Dank. Ein weiterer Dank gilt meinen Studenten Verena Schmitz, Jennifer Leenen, Michael Ebner, Syrena Huynh, Dayana Marin-Morell, Erik Vogel, Michael Müller und Annie Wang, die durch ihr großes Engagement nicht nur mich stolz gemacht haben, sondern auch das Projekt im großen Maße vorangebracht haben. Die Realisierung von eigenen Ideen und die beiden Veröffentlichungen von Seiten meiner Studenten haben mich sehr erfreut.

Für die Zurverfügungstellung der Simulationssoftware „GeoDict" und die Betreuung der Simulationsaufgaben bedanke ich mich bei Herrn Dr. Wiegmann und Herrn Dr. Glatt von der Math2Market GmbH, Kaiserslautern. Der intensive gedankliche Austausch trug in hohem Maße zu einer hinreichenden Abstützung des theoretischen Grundgerüsts meiner Arbeit bei. Ebenfalls zu Dank verpflichtet bin ich der Fa. Si Analytics (Mainz) für die kostenlosen Proben der Vollzylinder-Keramiken und dem Fraunhofer IKTS, Hermsdorf und Dresden, für die Herstellung der Röhrchen- und Beschichtungs-Proben. Bei Frau Maren Bobek bedanke ich mich für die zahlreichen CT-Aufnahmen und bei Herrn Christian Örun für die vielen Nachmittage zur Erzeugung der REM-Aufnahmen. Ihre Unterstützung, die Frau Bobek und Herr Örun neben ihren eigentlichen Aufgaben getätigt haben, schätze ich sehr. Ein Dank geht auch an die Werkstatt der Fachhochschule unter der Leitung von Herrn Jens Endruschat und dem Kollegen Herrn Stefan Bollman für die Fertigung der vielen Drosselkonstruktionen.

Über die Unterstützungen hinaus, die die Arbeit betreffen, möchte ich mich auch ganz herzlich bei meiner Familie für deren Fürsorge und Förderung in meinem bisherigen Lebensweg bedanken.

# Kurzfassung

Poröse Materialien sind in der Filter-, Katalysator- und Dämmtechnik weit verbreitet und werden auch in der Medizintechnik, beispielsweise als Knochenersatzstoffe zur Förderung von Knochengewebe, verwendet. In dieser Arbeit werden poröse Keramiken für die Einstellung von Volumenströme im Bereich von einigen Nanoliter pro Minute eingesetzt. Realisiert sind zwei Systeme, wobei sich der Durchfluss anhand von Konstruktionen mit den porösen Keramiken variierbar einstellen lässt. Primär sollen diese beiden Systeme ihren Einsatz als Drosseln in implantierbaren Infusionspumpen des Industriepartners Fa. Tricumed Medizintechnik GmbH (Kiel) finden. Das Anwendungsspektrum kann auf verschiedene Bereiche ausgeweitet werden.

Im Vergleich zu den bisher vorhandenen technischen Systemen kann die Einstellung des Durchflusses mittels poröser Keramiken kostengünstiger und mit geringerem Energieverbrauch erzeugt werden, da die Materialien als Standardprodukte auf dem Markt vorhanden sind und Energie nur für den Veränderungsprozess des selber benötig wird. Die beiden Drosselsysteme besitzen als Hauptkomponenten zum einen einen porösen Vollzylinder aus $ZrO_2$ mit einer durchschnittlichen Porengröße von 0,20 µm, der in eine Glaskapillare eingeschmolzen wird, und zum anderen ein poröses Röhrchen aus $Al_2O_3$, das in Porengrößen zwischen 0,11 µm und 0,80 µm erhältlich ist.

Im ersten Schritt werden mittels der Darcy-Gleichung die Permeabilitäten der Vollzylinder- und Röhrchen-Keramiken bestimmt. Dabei werden Permeabilitätswerte von einigen $1 \cdot 10^{-17}$ m$^2$ ermittelt. Noch bevor die Durchflussmessungen erfolgen, werden Flow-Simulationen mit der Software „GeoDict" (Math2Market GmbH, Kaiserslautern) durchgeführt. Die Poren von einigen Zehntel Mikrometer Größe werden bei der Modellierung wegen des großen Rechenaufwands nicht aufgelöst. Stattdessen wird in der Simulation die Stokes-Brinkman-Gleichung verwendet und damit eine makroskopische Betrachtung des Drosselsystems berücksichtigt, in der Strömungsbereiche als freie und poröse Bereiche definiert werden. Die erzielten Flowergebnisse zeigen, dass ein großer Bereich des geforderten Durchflusses von 70 nl/min bis 2 800 nl/min abgedeckt wird. Durch Änderungen der Keramikgeometrien und Permeabilitäten können die Flowraten die Anforderungen erfüllen. Das Simulationstool wird auch zur Abschätzung von maximalen Flowabweichungen in Worst-Case-Szenarien verwendet. Dabei wird festgestellt, dass aufgrund von Herstelltoleranzen der Proben und der Abweichungen von Fluideigenschaften (Viskosität, Druck) in Worst-Case-Fällen die Durchflüsse sich bis zu 200% unterscheiden können. Mit den Ergebnissen dieser Arbeit ist die Grundlage für die Entwicklung einer marktreifen Drossel geschaffen worden, wobei eine Optimierung für reproduzierbare Durchflüsse notwendig ist.

# Abstract

Porous materials are commonly used as separation method (filters), process technique (catalysers), and sound and heat insulators. There are also a few applications in medical technology, such as bone-implants enabling the growth of bone tissue in the pores. In this thesis, porous ceramics are used to adjust a flow in the range of several nanoliters per minute, desirably between 70 nl/min and 2 800 nl/min. Two different systems, with a design that enables the adjustability of the flow, have been implemented with porous ceramics. One potential application is a throttle in implantable infusion pumps, for instance in the product portfolio of the industrial partner Tricumed Medizintechnik GmbH (Kiel, Germany).

Compared to current systems, the throttles in this thesis provide long term durability without the need for an external energy source as well as low-cost manufacturing. This is because the materials are standard products and energy is needed only in the case of changing the flowrate.

The single throttle holds a $ZrO_2$-cylinder with a pore size of 0,20 µm, which is inserted into a glass capillary by means of heat shrinking, whereas the other throttle type contains a $Al_2O_3$-tube with the pore sizes between 0,11 µm and 0,80 µm as main component.

First, the permeability as described in Darcy's law is determined of either material. Thereby, permeabilities in the range of several $1 \cdot 10^{-17}$ m$^2$ were investigated for both materials. Before the measurements, the simulation software "GeoDict" (Math2Market GmbH, Kaiserslautern, Germany) has been used to predict the flow of the measurements. Hereby, the pores with the size of several tenth of a micrometer are not modelled due to excessive computing time required. Instead, the Stokes-Brinkman equation is used in the simulations and thereby a macroscale of the throttle models has been generated. The measured flow rates fall in the desired range, but modifications of the materials are needed to fulfill the completely desired flow range.

Additionally, the simulations are also used for worst-case-estimations. Here, it was noticed that on account of manufacturing tolerances and deviation of the fluid conditions (temperature, viscosity) the flow can differ up to 200%.

With the achievement of this thesis, the foundation for a product ready to be launched into the market has been laid with the suggestions for optimization concerning repeatable flowrates.

# Inhaltsverzeichnis

# Abkürzungs- und Symbolverzeichnis

| Abkürzung | Erklärung |
|-----------|-----------|
| ISDD | Intraspinal Drug Delivery |
| VAS | Visual Analog Scale |
| CMM | Conventional Medical Management |
| DDD | Defined Daily Dosis |
| SF36 | Short Form (36) Health Survey |
| UKSH | Universitätsklinikum Schleswig-Holstein |
| TTS | Transdermale Therapeutische Systeme |
| CFD | Computational Fluid Dynamics |
| NSG | Navier-Stokes-Gleichung |
| DGL | Differentialgleichung |
| KV | Kontrollvolumina |
| LCT | Liquid Crystal Templating |
| ITB | Intrathekale Baclofenbehandlung |
| CT | Computertomographie |
| MRT | Magnetresonanztomographie |
| HTSL | Hochtemperatursupraleiter |
| REM | Rasterelektronenmikroskop |
| FVM | Finite-Volumen-Methode |
| FEM | Finite Elementen Methode |
| FDM | Finite Differenzen Methode |
| EFV | Explicit Finite Volume |
| SIMPLE | Semi-Implicit Method for Pressure Linked Equations |
| Aqua Ad. | Aqua ad iniectabilia (Reinstwasser) |
| LCF | Lowest Calibrated Flow (Sensirion Flowsensoren) |

# 1 Einleitung und Motivation

Schmerzen sind in erster Linie eine unangenehme Sinneswahrnehmung, die niemand gerne empfinden möchte. Ein akut einsetzender Schmerz fungiert als Warnsignal und ist somit für die Erkennung von Verletzungen oder Krankheiten bestimmt. Unwillkommen sind dagegen über längere Zeit anhaltende, genannt chronische, Schmerzen.

Über fünf Millionen Menschen in Deutschland leiden an chronischen Schmerzen, das entspricht 6,25% der Gesamtbevölkerung. Ca. 10% der Betroffenen haben einen Krankheitsverlauf, der eine spezielle Schmerztherapie erfordert und nicht mit hausärztlichen Maßnahmen zu beherrschen ist [1]. Annähernd 250 000 Menschen in Deutschland leiden an Spastik, davon etwa 50 000 Kinder, weltweit sind etwa 21 Millionen Menschen betroffen [2–4]. Wirtschaftlich gesehen verursachen chronische Schmerzen bis zu 500 Millionen Fehltage am Arbeitsplatz in Europa, wodurch Kosten von ungefähr 34 Milliarden Euro entstehen [5].

Die Therapiemöglichkeiten für chronische Schmerzen und Spastik sind vielfältig (siehe Kap. 1.2). Dazu gehört unter anderem die medikamentöse Behandlung. Eine ausreichende Schmerzreduktion mit möglichst geringer Nebenwirkung ist hierbei erwünscht. Im Vergleich zur oralen Einnahme kann mit implantierbaren Infusionspumpen die Dosis um das 300-fache oder gar um das 1000-fache reduziert werden [6–8], da das Medikament in den Spinalraum (intrathekal) appliziert wird, wo es die Weiterleitung der Schmerzsignale an das Gehirn verhindert.

Die erfolgreiche Wirkung der intrathekalen Verabreichung wurde in verschiedenen Studien beschrieben [6, 9, 10]. An den aktuellen Pumpen (z.B. IP2000V) des industriellen Projektpartners Fa. Tricumed Medizintechnik GmbH fehlt die Verstellbarkeit des Volumenstroms, was die aktuelle Marktposition erschwert.

Das Ziel der vorliegenden Arbeit ist die bisherige Fluid-Drossel der Pumpe der Fa. Tricumed durch eine einstellbare Variante zu ersetzen. Die neue Drossel soll mit porösen Keramiken realisiert werden, wobei der erwünschte Volumenstrom durch den hohen Flow-Widerstand des porösen Materials erzeugt wird. Mit geeigneten Konstruktionen soll zudem die Einstellung im Nanoliter-Bereich realisiert werden.

## 1.1 Zielsetzung und Aufbau der Arbeit

In dieser Arbeit werden die in der Entwicklung zweier Drosselvarianten erzielten Ergebnisse vorgestellt. Die Hauptkomponente der beiden Drosselvarianten ist zum einen ein poröser $ZrO_2$-Vollzylinder und zum anderen ein poröses $Al_2O_3$-Röhrchen. Die Grundidee dieser Arbeit ist, wie bereits erwähnt, die Verstellbarkeit des Durchflusses. Somit umfasst die Aufgabe im Wesentlichen die Untersuchung und Charakterisierung der Durchflusseigenschaften beider Keramiktypen. In den kommenden Kapiteln werden der Aufbau und die Funktionsweise beider Drosseltypen, die Permeabilitätseigenschaften der porösen Medien, Rasterelektronenmikroskop- und Computertomographie-Aufnahmen, Flowsimulationen und experimentell ermittelte Flowverläufe vorgestellt. Die Arbeit beginnt mit Beschreibung des Anwendungsspektrums in der Schmerz- und Spastiktherapie der implantierbaren Infusionspumpen und der Grundlagen der Fluidmechanik mit dem Bezug zur Strömungssimulation mit der Software „GeoDict".

Die Gründe für die Herstellung der Drossel aus porösen Keramiken liegen unter anderem in den geringen Anschaffungskosten und dem geringen Verbrauch an elektrischer Energie. Poröse Keramiken sind als Standardprodukte günstig herzustellen und der Bedarf an elektrischer Energie ist nur im kurzen Flowänderungsprozess nötig.

## 1.2 Schmerztherapie und Spastik

Chronische Schmerzen sind über einen längeren Zeitraum anhaltende Schmerzen, deren Kontrolle erschwert ist, sowie deren Heilung über eine erwartete Heildauer hinausgeht oder nicht möglich ist [11, 12]. Nach Bonica wird chronischer Schmerz definiert als [13]:

> *"Pain, which persists a month beyond the usual course of an acute disease or a reasonable time for any injury to heal that is associated with chronic pathologic processes that causes a continuous pain or pain at intervals for months and years."*

Im Vergleich zum akuten Schmerz ist keine eindeutige Tendenz zur Verbesserung vorhanden. Chronischer Schmerz hat sich verselbstständigt und ist eine eigene Krankheit geworden. Nach Bonica wird kein genauer Zeitpunkt angegeben, an dem der akute Schmerz sich zur chronischen Krankheit entwickelt. In anderen Definitionen wird eine konkrete Zeit angegeben, ab wann von einer Chronifizierung der Schmerzen gesprochen werden darf, da dies für die Durchführung von Studien in diesem Bereich wichtig ist [14, 15].

Chronischer Schmerz hat Müdigkeit, Schlafstörungen (73%), Appetitlosigkeit, Darm-probleme (träge Darmmotilität), erschwerte Erholung von Krankheiten bzw. Verlet-zungen und Verringerung der Lebensqualität[1] zur Folge [16]. Phänomene wie Angst, Depression und Borderline- Persönlichkeitsstörung gehören zu den psychosozialen Folgen und beeinflussen das Familien- und Sozialleben stark negativ [17].

Chronische Schmerzen beeinträchtigen das Berufsleben sehr. Das Heben und Tragen ist eingeschränkt und das alleinige Stehen oder Sitzen ist nur beschränkt möglich. Es kommt in vielen Fällen zur Änderung der Arbeitsaufgabe. Außerdem sind hohe Aus-fälle von Arbeitszeiten gegeben und die Frühberentung ist hoch [5, 18, 19]. Laut einer Studie von Willweber-Strumpf et al. wurden 15% der Schmerzpatienten berentet oder haben einen Antrag auf Rente gestellt [15]. Bei den jungen Schmerzpatienten ist der hohe Ausfall an Schultagen zu beklagen [20]. Ein weiterer negativer Aspekt von chro-nischen Schmerzen ist der Medikamentenmissbrauch, der vor allem zu toxischen Nie-renschäden und Dialysepflichtigkeit führen können.

Es gibt erfolgreiche Therapien gegen chronische Schmerzen, jedoch ist die Neu-erkrankungsrate höher als die Zahl der Schmerzpatienten, deren Behandlung positiv gelungen ist. Die Gesamtzahl der Patienten erhöht sich Jahr für Jahr. In der Studie von Elliot et al. wurde die Therapie der teilnehmenden Patienten zu 5,4% erfolgreich be-wertet, wogegen die Zahl der Neuerkrankungen um 8,3% stieg [21]. Die Studie zeigt weiterhin, dass die Behandlung der älteren Patienten (im Alter von 45 bis 74 Jahren) weniger erfolgversprechend ist als die Therapie der 25- bis 34- Jährigen.

Nach einer Studie von Hunt leiden die Schmerzpatienten in Europa durchschnittlich sieben Jahre an ihrer Krankheit [19]. Ca. 21% der Patienten leiden sogar über 20 Jahre (siehe Abb. 1-1, links) [5]. Ein Ende der Schmerzen ist dadurch definiert, dass der Pa-tient die Schmerzen unter Kontrolle hat und damit gut umgehen kann. Die häufigste angegebenen Schmerzregion ist der Rücken, gefolgt von Kniegelenk und Bein (siehe Abb. 1-1, rechts) [19].

---

[1] Bei jedem sechsten Patienten sind die Schmerzen so stark, dass er nicht mehr leben möchte.

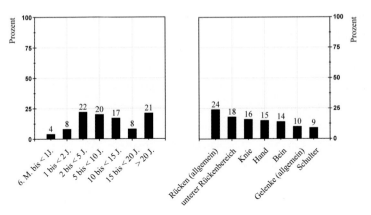

Abb. 1-1: Dauer der Schmerzen und die betroffenen Körperregionen  [5, 19]

Die Anwendung der implantierbaren Infusionspumpen findet auch bei spastischen Erkrankungen statt. Nach Lance wird Spastik als

"...eine motorische Erkrankung, die durch eine geschwindigkeitsabhängige Zunahme des tonischen Dehnungsreflexes mit gesteigerten Sehnenreflexen charakterisiert ist resultierend aus einer gesteigerten Exzitabilität der Dehnungsreflexe als eine Komponente des Syndroms des 1. motorischen Neurons"

definiert [7]. Spastik stammt vom griechischen „spasmos" (Krampf) und wird vom Betroffenen als eine Verkrampfung der Muskeln empfunden. Bei einer Körperbewegung agieren verschiedene Muskelgruppen, die vom Gehirn und Rückenmark angesteuert werden. Schädigungen am Gehirn oder am Rückenmark führen dazu, dass das Zusammenspiel der Muskelgruppen gestört wird und die Muskelspannung nicht mehr kontrollierbar ist. Parallel zu der Spastizität treten, aufgrund der Komplexität des Nervensystems, unwillkürliche, unkontrollierbare und manchmal schmerzhafte Zuckungen auf, die unter den Namen Spasmen bekannt sind [22]. Bei einer passiven (= von außen ausgeführten) Bewegung spürt der Therapeut einen hohen muskulären Widerstand. Der Betroffene beschreibt die verkrampfte Muskulatur als steif oder angespannt. Durch die Schädigung der Nerven entspannt sich die Muskulatur nicht und ist somit überaktiv. Dies führt zu entstellenden, schmerzhaften Körperhaltungen, Gelenkversteifungen und eingeschränkten Alltagsaktivitäten [4].

Nach Henze leiden die Spastikpatienten im Schnitt 8 Jahre [23]. In Deutschland führen 25% der Schlaganfälle (von 250 000 insgesamt) innerhalb von drei bis sechs Monaten zur spastischen Lähmung. Nicht nur Schlaganfälle, sondern auch Multiple Sklerose, Tumoren, Hirnentzündungen und andere Hirnschäden oder Unfälle können zur spastischen Erkrankung führen. Die Behandlung erfolgt durch orale Medikamentation, mit einer Butolinumtoxin-Therapie oder durch eine intrathekale Baclofentherapie (ITB). Im Vergleich zur oralen Therapie wird bei der ITB eine um 100 bis 1000-fache geringere Dosis benötigt, da die Blut-Hirn- bzw. Blut-Liquor-Schranke nicht überwunden werden muss [7]. In den Veröffentlichungen von Voss et al. [24], Gilmartin et.al. [25] und Ochs et.al. [26] werden erfolgreiche Therapieergebnisse der nebenwirkungsarmen ITB beschrieben.

Für eine erfolgreiche Behandlung von chronischen Schmerzen und der spastischen Erkrankung sind interdisziplinäre Therapieansätze nötig. Für beide Krankheiten zählen hierzu folgende Maßnahmen [27, 28]:

- Psychologische Behandlung
  Maßnahmen zum seelischen Wohlbefinden, unter anderem durch Entspannungsverfahren oder Stressbewältigung.
- Medikamentöse Behandlung
  Einnahme von Baclofen oder Analgetika wie z.b. Opioide oder Ziconotid. In der Schmerztherapie werden starke Opioide wie Morphin eingesetzt, wenn Nicht-Opioide (z.B. Paracetamol, Ibuprofen) oder schwache Opioide (z.B. Tilidrin, Tramadol) nicht mehr helfen [29].
- Physikalische Behandlung
  Hierzu gehören Ergo-, Physio, Massagetherapien und weitere Behandlungen.
- Transkutane elektrische Nervenstimulation (nur Schmerztherapie)
  Das periphere Nervensystem wird durch elektrische Impulse mittels Elektroden stimuliert.
- Intramuskulär injizierte Medikamentation (nur Spastik)
  Einbringung eines Medikamentes in eine Körperregion, in der sich Spastik eingrenzen lässt. In manchen Fällen können Eingriffe am Knochen oder Sehnen zur Instillation giftiger Stoffe vorgenommen werden, um irreversible Nervenschäden zu verursachen und dadurch die Weiterleitung der Schmerzen zu blockieren.

Falls die orale medikamentöse Therapie in Kombination mit den weiteren Behandlungsmethoden nicht zu einer Schmerzreduktion führt bzw. starke Nebenwirkungen aufweist und die Behandlungsdauer für eine lange Zeit abzuschätzen ist, so werden implantierbare Infusionspumpen in Anspruch genommen. Wie bereits erwähnt ist bei der intrathekalen Verabreichung eine geringere Medikamentenmenge nötig. Dadurch können geringere Nebenwirkungen erzielt werden, wie z.B. Müdigkeit, Depressionen, träge Darmmotilität, wodurch der Patient an Lebensqualität gewinnt. Jedoch besteht das Risiko des Ausfalls der Pumpe durch Beschädigung, wie z.B. das Verknicken des Katheters [8, 30]. In diesem Falle besteht die Gefahr einer weiteren Operation zum Wechsel des Gerätes. Daher ist die Teilnahme an sportlichen Tätigkeiten, wie Tauchen oder Turnen, eingeschränkt.

Dafür aber ist die individuelle Anpassung der verabreichten Medikamentendosis über die implantierbare Infusionspumpe wichtig. In erster Linie muss die notwendige Dosierung während der Erstbetriebnahme ermittelt werden. Des Weiteren muss der Flow dem alltäglichen Gebrauch angepasst werden. Beispielsweise brauchen Schmerzpatienten zu unterschiedlichen Tageszeiten verschiedene Medikamentenströme.

Mit den bisherigen konstanten Pumpen ist die Dosisfindung ein aufwendiger Prozess[2]. Es ist zu beachten, dass der Flow um maximal 20% geändert werden darf um eine abrupte Über- oder Unterdosierung zu vermeiden. Daher ist eine große Flowänderung lediglich in kleinen Stufen möglich und somit zeitintensiv. Zum anderen bleibt eine Restmenge der Dosis in der Pumpe übrig, bevor mit einer anderen Konzentration nachgefüllt wird. Dadurch vermischen sich die unterschiedlichen Konzentrationen und dies wiederrum führt zu einer undefinierte Medikamentendosis. Daher ist mit einer zeitlichen Verzögerung des klinischen Effekts zu rechnen. Das mehrfache Nachfüllen wirkt gegen diese Problematik, jedoch erhöht es das Risiko für Infektionen [7].

Die Infusionspumpe wird subkutan im Unterbauch implantiert (siehe Abb. 1-2). Ein Katheter aus der Pumpe führt in den Spinalraum. Je nach Implantation kann eine intrathekale oder epidurale Positionierung des Katheters, wobei bei spastischer Lähmung eine intrathekale Applizierung sinnvoll ist, erfolgen. Bei der Implantation ist wichtig zu beachten, dass der Katheter nicht den Beckenknochen oder Rippenbogen tangiert, da die Gefahr des Verknickens des Katheters im späteren Alltagsleben zu hoch ist. Man bedenke, dass viele der Patienten viel sitzen bzw. an einem Rollstuhl gebunden sind. Auch während der OP muss der Arzt auf das Verknicken achten. Für die spätere Befüllung darf die Pumpe nicht tiefer als zwei bis drei Zentimeter unter der Hautoberfläche implantiert werden, da durch das spätere Ertasten die Positionen der Septen einfach zu ermitteln sein müssen. Zudem ermöglicht eine dünne Gewebeschicht eine bessere telemetrische Kommunikation. Bei der Implantation wird zuerst

---

[2]  Bei konstanten Flowpumpen, wie z.B. der IP2000V, müssen zwei Schritte zur Bestimmung der Medikamentendosis erfolgen. Zuerst wird ein Katheter aus einer externen Pumpe in den Spinalraum eingesetzt, wobei die Pumpe um den Hals getragen wird. In dieser zweiwöchigen „Testphase" wird die nötige Flussrate bestimmt um anschließende ein passendes Implantat herauszusuchen. Im zweiten Schritt wird die Infusionspumpe implantiert [31].

der Katheter platziert. Anschließend erfolgt die Platzierung der Infusionspumpe in die subkutane Tasche. Durch die vorgesehenen Nahtösen wird es an das subkutane Gewebe oder an der Faszie[3] genäht. Der bereits vorher platzierte Katheter wird mit der Pumpe verbunden. Im letzten Schritt wird die offene Wunde in einer üblichen Weise vernäht [7, 30, 33]. Nach der Implantation und Gabe von Morphin muss der Patient für eine kurze Zeit überwacht werden, da die Gefahr einer Atemdepression besteht, welche tödlich enden kann. Mit Ziconotid besteht ein geringeres Risiko [34].

In 0 wird das Gespräch mit Herrn Dr. Dirk Rasche über die Therapiemöglichkeit der Schmerzen und die Anwendung der implantierbaren Infusionspumpen am Lübecker Universitätsklinikum Schleswig-Holstein vorgestellt.

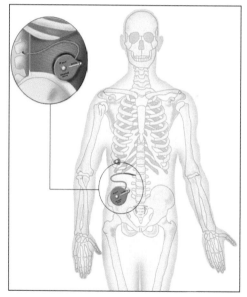

Abb. 1-2: Platzierung einer implantierbaren Infusionspumpe am Unterbauch. Ein Katheter führt aus der Pumpe in den Spinalraum (Quelle: [33]).

---

[3] Faszie: wenig dehnbare, aus Fasern und Netzen aufgebaute Hülle einzelner Organe, Muskeln oder Muskelgruppen [32]

## 1.3  Stand der Technik

Auf dem Markt stehen tragbare externe und implantierbare Infusionspumpen zur Verfügung. Die tragbaren Pumpen können zeitnah auf der Intensivstation eingesetzt werden und sind für eine Behandlungsdauer von einigen Wochen geeignet. Die implantierbaren Pumpen sind für eine Nutzungsdauer von mindestens sechs Jahren gedacht. Einige der Pumpen sind inzwischen vor über 20 Jahren implantiert worden und immer noch in Gebrauch. Pumpen mit einer konstanten Förderrate kosten ca. 3000 Euro, wohingegen Pumpen mit einem variablen Flow das Dreifache kosten. Im Folgenden werden unterschiedliche Pumpensysteme aufgeführt, die derzeit auf dem Markt erhältlich sind. Des Weiteren befindet sich im Anhang II eine Liste mit den bereits entwickelten Infusionspumpen.

### 1.3.1  Externe tragbare Pumpensysteme

Diese Pumpen dienen hauptsächlich der kurzfristigen Schmerztherapie, wie z.b. nach einer Operation. Auf dem Markt sind Pumpen mit mechanischen, elektromechanischen und elastomeren Antrieben eingeführt. Die Funktionsweise einiger dieser Pumpen ähnelt den Systemen der Implantate sehr, wie z.b. die gasdruck-betriebene RowePump von der Fa. Rowemed AG [35]. Da eine intravenöse, intrathekale und intraarterielle Verabreichung verschiedener Medikamente möglich ist, kann das Anwendungsspektrum auf die Krebsbehandlung (Chemotherapie) erweitert werden. Für mehr Informationen wird an dieser Stelle an Tronnier [36] verwiesen.


### 1.3.2  Implantierbare, gasbetriebene Pumpen

Diese aus zwei Kammern bestehenden Pumpen nutzen den konstanten Druck eines Flüssigkeits-Gasgemisches (n-Butan) auf eine Membran, die diese beiden Kammern trennt. Aktuell gibt es die IP2000V der Fa. Tricumed (siehe Abb. 1-3), die rein diese Mechanik ausnutzt. Des Weiteren ist die Pumpe Medstream der Fa. Codman vorhanden, die auf dieser Technik aufbauend eine Steuerung zur Regelung des Medikamentenflows besitzt (siehe Kap. 1.3.4). Die IP2000V verspricht eine lange Lebensdauer von mindestens acht Jahren, da nur rein mechanische Bauteile eingebaut sind. Die Lebensdauer ist letztendlich vom Septum abhängig [37]. Das in der unteren Kammer befindliche Treibmittel (n-Butan-Flüssigkeits-Gasgemisch) übt einen konstanten Druck auf das Medikamentenreservoir aus. Somit wird das flüssige Medikament durch die Drossel erst in den Katheter und dann in den Spinalraum gedrückt. Bei diesem Vorgang verkleinert sich das Medikamentenreservoir bzw. vergrößert sich die

Kammer mit dem Treibmittel. Ein konstanter Druck bleibt jedoch erhalten, weil ein Teil des Treibmittels vom flüssigen in den gasförmigen Zustand übergeht. Trotz der hohen Lebensdauer überwiegen die Vorteile der Einstellbarkeit, die in Kapitel 1.3.5 näher erläutert werden. Deshalb soll die derzeitige Drossel bestehend aus Mikrokapillaren in Chipform durch die porösen Drosselkomponenten aus dieser Arbeit ersetzt werden.

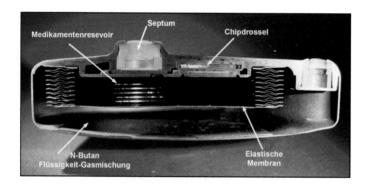

Abb. 1-3: Schnittbilder einer gasbetriebenen Pumpe (IP2000V)

Das Flüssigkeit-Gasgemisch n-Butan liefert bei einer Körpertemperatur nahezu 2,5 bar (relativ) [38]. Der Druckverlauf in Abhängigkeit der Temperatur ist in Abb. 1-4 zu finden.

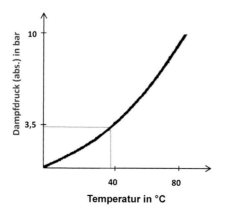

Abb. 1-4: Dampfdruckkurve n-Butan [38]

### 1.3.3  Implantierbare Infusionspumpen mit elektronischer Steuerung

Auf dem Markt ist die Synchromed II der Fa. Medtronic als eine Pumpe mit einer
elektrischen Steuerung vorhanden (siehe Abb. 1-5). Die Steuerung wird über eine Rol-
lenpumpe mit einer Batterie und weitere elektrische Bauteile realisiert. Aufgrund der
kurzen Batterielebensdauer wird keine Implantationsdauer von mehr als 8 Jahre garan-
tiert. Nachteilig wirkt die ständige Beanspruchung des Schlauchs. Durch Diffusions-
vorgänge tritt das flüssige Medikament aus dem Schlauch in die Elektronik und kann
somit einen Ausfall des Implantats verursachen.

Abb. 1-5: Implantierbare Infusionspumpe mit elektronischer Steuerung für einen einstellbaren Flow
         (Synchromed II, Fa. Medtronic)

### 1.3.4  Gasbetriebene Pumpen mit keramischem Einstellsystem

Seit 2012 ist die einstellbare, gasbetriebene Infusionspumpe MedStream der Fa. Codman verfügbar (siehe Abb. 1-6) [39].

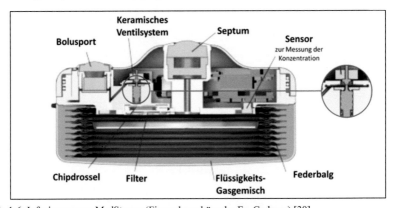

Abb. 1-6: Infusionspumpe MedStream (Firmenbroschüre der Fa. Codman) [39]

Der Flow wird bei dieser Pumpe durch ein Ventilsystem eingestellt. Ein an das Ventil gekoppelter keramischer Aktuator wird elektrisch aufgeladen (siehe Abb. 1-7), wodurch es zu einer Biegung und somit zur Öffnung des Ventils kommt. Bei einer Entladung kehrt der Aktuator in seine Ursprungsform zurück und das Ventil schließt.

Die Floweinstellung erfolgt durch eine integrierte Sensorik, die die Konzentration des im Schlauch fließenden Medikamentes misst und anschließend die Geschwindigkeit automatisch an den Wunschwert anpasst. Eine Batterie wird lediglich für die Flowmessung benötigt und ist daher getrennt vom Pumpenmechanismus.

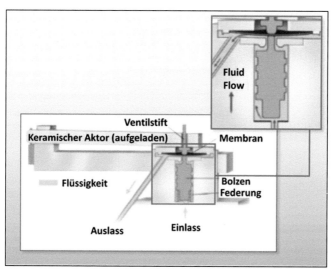

Abb. 1-7: Ventilsystem MedStream (Firmenbroschüre der Fa. Codman) [39]

### 1.3.5 Gegenüberstellung der Pumpen mit konstantem und variablem Durchfluss

In Tab. 1-1 sind die Vor- und Nachteile der bisher entwickelten Pumpen mit konstanter und variabler Flowrate abgebildet [40]. Die einstellbaren Pumpen versprechen präzise und dem Patienten angepasste Tagesprofile, die zu geringeren Nebenwirkungen führen. Andererseits haben diese Pumpen den Nachteil der geringeren Lebensdauer und dem Platzangebot, da der Verstellmechanismus einen gewissen Bauraum benötigt.

Tab. 1-1: Vor- und Nachteile der Pumpen mit konstanter und variabler Dosierrate [40]

| | Bisherige Pumpen mit variabler Flowrate | Pumpen mit konstanter Flowrate |
|---|---|---|
| Vorteile | Externe Programmierung | Geringe Kosten |
| | Individuelle Tagesprofile | Gutes Verhältnis von Bau- und Nutzraum |
| | Dosisanpassung | Nur vom Silikonseptum begrenzte Lebensdauer |
| | Optimale Fluss- und Konzentrationsparameter | |
| | Präzise Dosierung | |
| Nachteile | Begrenzte Batterielebensdauer (ca. 8 Jahre) | Dosisänderung nur über Konzentration |
| | Mehrfacher Austausch im Verlauf einer Therapie (Infektionsrisiko, Kosten) | Dosisanpassung nur über Neubefüllung |
| | Hohe Konzentration an Katheterspitze (Granulombildung) | Einfluss von Umgebungsdruck und Temperatur auf die Flussrate |
| | | Hohe Konzentration an Kathetherspitze |

## 1.3.6 Alternative technische Systeme zur Dosierung in der Mikrofluidik

Neben den auf dem Markt vorhandenen Infusionspumpen gibt es zahlreiche weitere Techniken, um Fluide im Bereich von einigen Nano- bzw. Mikrolitern zu dosieren. Hierzu zählen die Membranpumpen [41–43] und Pumpen, deren Mechanismus auf die Elektrolyse [44], Elektrorheologie [45] bzw. Hydrophobie [46] basiert. Für eine detaillierte Erläuterung des Funktionsprinzips wird auf die angegebene Literatur verwiesen. Aufgrund ihrer Nachteile sind diese Pumpen nicht als Implantate geeignet. Sie benötigen entweder eine permanente Energieversorgung oder die Fluide müssen für die Fortbewegung bestimmte Eigenschaften erfüllen.

## 1.4 Anforderungen an das Gesamtsystem

Bei der Entwicklung der Drossel mit porösen Medien müssen bestimmte Anforderungen erfüllt werden. Diese sind in Tab. 1-2 aufgelistet. In erster Linie muss die Drossel in die zylindrische oder ovale Fläche der Infusionspumpe mit dem Durchmesser von 78 mm bzw. 78 mm x 92 mm passen. Wie die Infusionspumpe auch, soll die Drossel eine Lebensdauer von 8 Jahren garantieren. Vom industriellen Partner sind die Flowbereiche von 69,4 nl/min bis 1,4 µl/min und von 69,4 nl/min bis 2,8 µl/min mit einer Genauigkeit von ±10% gefordert. Zudem müssen die Komponenten bio-, material-, MRT- und CT-kompatibel und die Norm ISO 14708-4 und EU-Richtlinie 90/385/EWG erfüllen.

Tab. 1-2: Anforderungsliste [47]

| Allgemeine Anforderungen |
| --- |
| Lebensdauer von mindestens 8 Jahren |
| Biokompatible Materialien |
| Medikamentenkompatible Materialien |
| MRT-Tauglichkeit bis 3 Tesla |
| CT-Tauglichkeit |
| Temperaturbeständigkeit von 36 bis 42°C (Standard 37°C) |
| **Geometrie** |
| Fläche an Pumpengröße angepasst (<78 mm (zylindrische Form) bzw. 78 x 92 mm (ovale Form)) |
| Höhe so klein wie möglich (erwünscht) |
| **Flowrate** |
| Pumpenvariante 1: 69,4 nl/min – 1,4 µl/min |
| Pumpenvariante 2: 69,4 nl/min – 2,8 µl/min |
| **Überdosierung** |
| bei über 4,17 µl/min |
| **Eigenschaften des durchströmenden Medikamentes** |
| 3,5 bar Druck (absolut) |
| Dynamische Viskosität bei 37°C: 0,7 mPa s (±0,3%) |
| Frei von Partikeln ab 0,2 µm Größe |
| Reservoir mit 20 ml bzw. 40 ml Medikamenteninhalt |
| **Normen** |
| EU Richtline 90/385/EWG „Active Implantable Medical Device" |
| ISO 14708-4 „Implantable Infusion Pumps" |

## 1.5 Die zwei Drosselkonzepte

In dieser Arbeit werden die beiden Drosselkonzepte "Vollzylinder" und „Röhrchen"
zur Erfüllung der Aufgabenstellung realisiert. Da die Geometrie der Keramiken unterschiedlich ist, ist für beide Konzepte jeweils eine eigene Konstruktion notwendig. Der prinzipielle Aufbau der beiden Konzepte ist in Abb. 1-9 bzw. Abb. 1-11 dargestellt.

### 1.5.1 Variante Vollzylinder

In der Vollzylinder-Variante wird ein 12 mm langer, poröser $ZrO_2$-Vollzylinder in eine Glaskapillare eingeschmolzen. In die Glaskapillare werden Bohrungen gefertigt (siehe Abb. 1-8), die als Austrittsöffnungen dienen. Über die Glaskapillare bzw. Bohrungen wird ein elastischer Polymerschlauch (schwarz) gezogen (siehe Konstruktionsskizze in Abb. 1-9). Zwischen Schlauch und der Glaskapillaren ist ein kleiner Spalt vorhanden. Die Bohrungen können nacheinander verschlossen werden, indem man einen Stift (blau) über den Schlauch bewegt und diese damit an die Glaskapillare drückt (Abb. 1-9 A und B). Die anströmende Flüssigkeit (hier von links) dringt an der Stirnseite in die Poren ein und tritt größtenteils aus der erst-geöffneten Bohrung wieder aus. Über die übrigen geöffneten Bohrungen und der gegenüber liegenden Stirnseite fließt ein geringerer Teil aus. Sind keine Bohrungen geöffnet (Abb. 1-9 C), so fließt es durch die ganze Keramik durch. In diesem Zustand hat es den längsten Weg durch die Poren bzw. einen hohen Flowwiderstand und somit ist der Flow niedrig. Die Einstellung des Durchflusses ist stufenweise durch das Verschließen bzw. Öffnen der Bohrungen möglich. Die austretende Flüssigkeit soll gesammelt über den Katheter in den Patienten befördert werden.

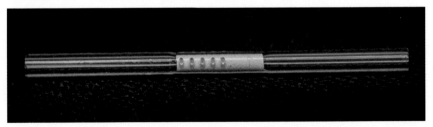

Abb. 1-8: Poröser Vollzylinder in einer Glaskapillare

Der poröse $ZrO_2$-Zylinder (weiß, Fa. Metoxit AG, Schweiz) ist in eine Glaskapillare (SI Analytics, Mainz) eingeschmolzen. Mittels verschiedener Fertigungsverfahren wurden mehrere Bohrungen angebracht.

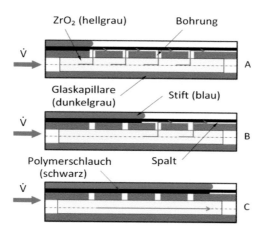

Abb. 1-9: Funktionsprinzip in der Variante Vollzylinder

Funktionsweise $ZrO_2$-Drossel: Durch das einzelne Verschließen bzw. Öffnen der Bohrungen (A→C bzw. C→A) wird der Weg der Flüssigkeit durch die Poren bestimmt. Damit sind unterschiedliche Durchflussmengen einstellbar.

### 1.5.2  Variante Röhrchen

In dieser Variante wird der Flowwiderstand durch die Poren eines 20 mm langen $Al_2O_3$-Röhrchens erzeugt. Für das Röhrchen ist eine zylindrische Polymerdichtung (grau) konzipiert (siehe Abb. 1-11), die während der Montage in den Hohlraum des Keramikröhrchens eingeführt wird. Das Röhrchen wird in ein Gehäuse eingeklebt, wobei der Klebstoff an die äußere Mantelfläche aufgetragen wird. Nicht die komplette Mantelfläche wird bedeckt; nur am Ende ist eine Fläche zum Austritt des Fluids frei. Es ist ein Spalt zwischen der Polymerdichtung und dem Röhrchen vorhanden. Mit einem Stift, den man entlang der Achse bewegen kann, ist das Pressen der Polymerdichtung an die Innenfläche des Röhrchens möglich. Dadurch wird der Spalt in Höhe der Stiftposition verschlossen. Die anströmende Flüssigkeit (von links) bevorzugt den widerstandsarmen Spalt, erreicht es jedoch den abgedichteten Bereich, so wird die Fortbewegung durch die Poren der Keramik (hoher Widerstand) erzwungen. Ein variabler Flow ist durch die unterschiedliche Stiftposition möglich. Je weiter der Stift in das Röhrchen eingeführt wird, desto kürzer ist der widerstandsarme Spalt bzw. länger ist der Weg durch die Poren und somit sinkt die Durchflussmenge (A→C). Beim Herausziehen des Stiftes gilt dasselbe Prinzip vice versa.

Abb. 1-10: Poröser Al$_2$O$_3$-Röhrchen

Das poröses Al$_2$O$_3$-Röhrchen (Fraunhofer IKTS, Hermsdorf) wird in ein Gehäuse geklebt und mit einer zylindrischen Polymerdichtung und einem Stift zu einer Drossel konzipiert.

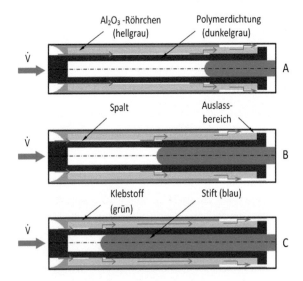

Abb. 1-11: Funktionsprinzip in der Variante Röhrchen

Die anströmende Flüssigkeit bevorzugt den widerstandsarmen Spalt. An der Stelle des Stiftes wird der Spalt geschlossen und das Fluid in die Poren geleitet.

# 2 Grundlagen

In diesem Kapitel werden zunächst die grundlegenden Kenntnisse der porösen Keramiken geschildert. Anschließend wird die mathematische Beschreibung des Transportvorgangs eines Fluids parallel mit der Funktionsweise der Simulationen beschrieben, da die Simulationen auf diesen mathematischen Grundlagen basieren.

## 2.1 Poröse Keramiken

Eine der vier Werkstoffgruppen neben Metallen, Polymeren und Verbundwerkstoffen sind die Keramiken. Das Wort „Keramik" wurde aus dem griechischen „keramikos" abgeleitet und bedeutet „verbrannter Stoff" [48]. Keramik ist ein nichtmetallischer und anorganischer Werkstoff, der aus einer Rohmasse (Pulver) geformt wird und durch eine Temperaturbehandlung seine endgültige Form erhält [49–52]. Bereits 30 000 v. Chr. entdeckte die Menschheit, dass Erde sich gut formen lässt und durch Brand verfestigt. Dadurch ließen sich Werkzeuge und Töpfereien herstellen. Bis zur heutigen Zeit sind verschiedene Herstellverfahren entwickelt worden, wozu auch Rapid-Prototyping-Verfahren (z.B. das Direct Inkjet Printing) gehören, die die Erzeugung von komplexen Strukturen ermöglichen. Diese Werkstoffklasse wird aufgrund der hohen Härte, hohem E-Modul, hoher Temperaturbeständigkeit, hoher chemischen Beständigkeit, hoher Verschleißbeständigkeit und geringer Dichte in vielen Bereichen bevorzugt eingesetzt [50, 53]. Nachteilige Eigenschaften stellen die hohe Sprödigkeit bzw. niedrige Duktilität und geringe Temperaturwechselbeständigkeit dar. Zudem besitzt die Keramik eine niedrige elektrische Leitfähigkeit und niedrige Wärmeleitfähigkeit. Dies sind die gewöhnlich bekannten Eigenschaften. Carter et al. weist wird auf Ausnahmen hin [54]. Beispielsweise hat die Oxidkeramik $ReO_3$ eine nahezu gleiche elektrische Leitfähigkeit wie Kupfer. Der Werkstoff mit der höchsten thermischen Leitfähigkeit aller Materialen ist der Diamant. Die typischen Eigenschaften der Keramik sind nicht unter allen Bedingungen zu beobachten, so wie bei Glas bei hohen Temperaturen. Denn bei hohen Temperaturen entsteht eine Phasenänderung ins Viskose und das Glas verliert an Sprödigkeit. Ein weiteres Beispiel, dass den typischen Eigenschaften einer Keramik widerspricht, stellen die Hochtemperatursupraleiter (HTSL) wie das $YBa_2Cu_3O_7$ dar. HTSL sind Keramiken, die unter einer bestimmten Temperatur keinen elektrischen Widerstand vorweisen.

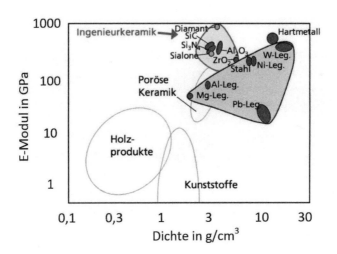

Abb. 2-1: Vergleich der Werkstoffgruppen

Vergleich des Elastizitätsmoduls und der Dichte von Metallen, Keramiken, Kunststoffe und Holz (Quelle [55])

Aus Abb. 2-1 geht hervor, dass die meisten Keramiken ein höheres E-Modul[4] bei geringerer Dichte im Vergleich zu den Metallen aufweisen. Die porösen Keramiken sind generell duktiler als die soliden Materialien.

Um ein keramisches Produkt herzustellen, bedarf es einiger Fertigungsschritte, die in Abb. 2-2 dargestellt sind. Im ersten Schritt wird das Pulver verarbeitet. Hier gibt es die mechanische und die physikalisch-chemische Herstellmethode, worunter Zerkleinern in einer Mühle bzw. Zerstäubern von Schmelzen (mechanisch) und Reduktion von Oxiden bzw. elektrolytische Abscheidung (physikalisch-chemisch) gehören [56]. Vor dem Sintern wird die Pulverrohmasse in die erwünschte Form gebracht. Um Defekte im Werkstoff und Schwindungen beim Sintern zu minimieren, muss bei der Formgebung beachtet werden, dass die Pulverpackungen dicht und homogen sind. Zu den Formgebeverfahren gehören die Pressformtechnik, die (thermo-) plastische Formgebung, das Gießverfahren und weitere Methoden. Die Auswahl des Verfahrens ist abhängig von der Stückzahl und der Komplexität der Geometrie [53]. Nach der Formgebung kann, falls nötig, eine mechanische Bearbeitung des Grünlings erfolgen.

---

[4]    Verhältnis zwischen der mechanischen Spannung und Dehnung

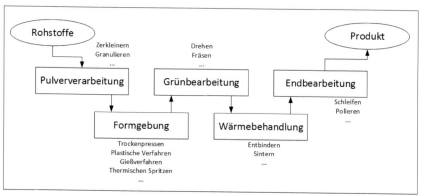

Abb. 2-2: Verfahrensstufen bei der Herstellung von Keramik [53]

Ziel des Sinterns ist es, aus der pulvrigen Masse ein Vollmaterial herzustellen, indem Energie in Form von Wärme hinzugefügt wird [54]. Dabei verbinden sich die Pulverteilchen ohne in die Schmelzphase einzugehen. Die zusammengeformte Pulvermasse, die in manchen Fällen auch mit Hilfe von Bindemittel zusammengefügt wird, enthält Porenräume zwischen den einzelnen Teilchen, die bis zu 60% des Gesamtvolumens betragen können und abhängig von der Größenverteilung der Teilchen und der Formgebung sind. Ein System aus mehreren Pulverteilchen ist immer bestrebt die Gesamtfläche zu minimieren um damit die Oberflächenenergie des Systems zu reduzieren. Während des Sinterns wird dies durch die Bildung von „Brücken" und das Zusammenwachsen der Teilchen erreicht.

In (A) aus Abb. 2-3 (links) ist der Verbindungszustand zu Beginn des Sinterprozesses anhand eines zwei-Partikel-Modells abgebildet. Hier sind die Teilchen idealerweise in Form von Kugeln mit dem Radius $R$ bzw. dem Durchmesser $D$, wobei der Abstand $L$ zweier Teilchen gleich dem Durchmesser ist, dargestellt. Durch die Verbindung zweier Teilchen erfolgt die Formänderung des Pulvers, indem der Radius größer wird bzw. die gekrümmte Fläche eine flache Form annimmt. Es bildet sich eine „Hals"-förmige Verbindungsstrecke mit den Bogenparametern $x$ und $\rho$. Es entstehen Materialtransportvorgänge aufgrund von Oberflächendiffusion [SD- Surface Diffusion], Volumendiffusion [VD- Volume Diffusion], Verdampfung-Kondensation [E-C- Evaporation-Condensation], plastischem Fließen [PC- Plastic Flow] und Korngrenzendiffusion [GB- Grain Boundary Diffusion]. Nicht nur die Teilchengrenzen, sondern auch die Teilchen selbst wandern zueinander, so dass sich der Abstand der Mittelpunkte um $\Delta L$ verkürzt. Dieser Vorgang ist (B) (Abb. 2-3, links) dargestellt. Mit fortschreitender Sin-

20 2 Grundlagen

terzeit formen sich die beiden Partikel zu einem einzigen zusammen. Der vollständige Verbindungsmechanismus zweier Partikel ist in Abb. 2-3 (rechts) schematisch dargestellt.

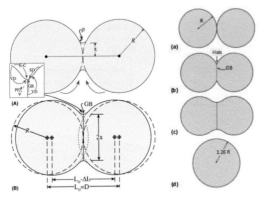

Abb. 2-3: Sinterprozess anhand eines Zwei-Teilchen-Modells

Links: Durch die entsprechenden Diffusions- und Transportvorgänge (VD, GB, PF, SD und E-C) verbinden sich die beiden Teilchen. Rechts: Der vollständige Ablauf des Sinterprozesses zweier Teilchen [54].

Zur Erläuterung, wie Poren entstehen, wird ein Drei-Partikel-Modell aus Abb. 2-4 näher betrachtet. Durch dieselben Materialtransportvorgänge verbinden sich die drei Teilchen an den drei Schnittpunkten, wodurch im Zentrum eine Pore entsteht. Auch hier entstehen „Hals"-förmige Verbindungen und die gekrümmte Fläche verflacht sich. In diesem Beispielmodell liegen die Mittelpunkte aller drei Teilchen in derselben Ebene, was in der Realität selten der Fall ist. Je nachdem, welche Größe bzw. Größenverteilung die Sinterteilchen haben, entstehen unterschiedlich dichte Kugelpackungen, die einen bedeutenden Einfluss auf die Entstehung von Poren haben. Die Porenerzeugung beim Sintern kann durch folgende Maßnahmen gesteuert werden [54]:

- Das Sintern bzw. die Sinterzeit verkürzen („Underfiring")
- Auswahl von weniger dichten Kugelpackungen bzw. große Freiräume in den Kugelpackungen, z.B. durch kleine Teilchengrößenverteilung beim Grünling
- Beimischung von organischen Partikeln, die beim Brennvorgang verdampfen und Poren hinterlassen
- Beimischung von Bindemitteln, die einen Schaumeffekt verursachen und somit Gase im Grünling erzeugen
- Beimischung von Schaumstoffen

- Für die Herstellung von porösem Glas können Additive (Glaskompositionen) verwendet werden, die zu einer Phasentrennung des Gemisches führen. In einem anschließenden Ätzverfahren kann eine der Phasen entfernt werden, damit es zur Bildung von Porenräumen kommt.

Für die Erzeugung von Porenstrukturen können weitere Verfahren verwendet werden. Hierzu gehört z.b. die anodische Oxidation mit dem anschließendem Ätzen, bei der parallele Nanoporen in Form von Kapillaren entstehen [57–59] oder auch die LCT-Technik (Liquid-Crystal Templating) mit der Erzeugung von porösen Wabenstrukturen [60].

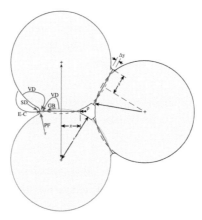

Abb. 2-4: Der Sinterprozess dreier Teilchen: Eine Pore entsteht zwischen den Verbindungsstellen [54].

In dieser Arbeit werden poröse Aluminiumoxid- und Zirkoniumdioxid-Keramiken genutzt, die zu den Oxidkeramiken gehören. Mit ihrer Eigenschaft der hohen Festigkeit, Korrosionsbeständigkeit und Verschleißfestigkeit eignen sie sich gut für medizinische Zwecke [61]. In einer Alterungsprüfung zeigen Proben aus Zirkoniumoxid keine bedeutenden Änderungen der Keramikstruktur nach Lagerung in Hydrochloridsäure bei 37°C für ein Jahr [62, 63]. Es gibt zahlreiche Anwendungen in der Medizintechnik für $Al_2O_3$ und $ZrO_2$, wie z.B. als Hüftprothesen oder Zahnimplantate [64, 65]. Die Eigenschaften der genannten Materialien können in der vorliegenden Arbeit nicht 1:1 übertragen werden. Denn das als Implantat verwendete $ZrO_2$ wird mit $Y_2O_3$ stabilisiert und ggf. mit CaO bzw. MgO für eine höhere Druckbelastung dotiert. Das für die Hüftprothese vorgesehene $Al_2O_3$ wird bei mindestens 1600°C gepresst gesintert [66], wodurch dieses Material eine andere Eigenschaft als die des in dieser Arbeit verwendeten $Al_2O_3$ gewinnt.

## 2.2 Mathematische Grundlagen und Strömungssimulationen

In der Strömungsmechanik können einfache Beispiele wie z.b. die Umströmung einer ebenen Platte oder eines Zylinders durch Vereinfachung der Erhaltungsgleichungen (Impuls, Masse und Energie) theoretisch gelöst werden [67]. Sind aber Strömungsgeometrien komplexer, können die Lösungen nicht mehr analytisch, sondern nur noch numerisch oder experimentell gelöst werden. Numerische Lösungsvarianten werden mit Hilfe von Rechnern durchgeführt. Dieser Arbeitsfeld, auch Computational Fluid Dynamics (CFD) genannt, hat im Vergleich zu der experimentellen Lösungsvariante folgende Vorteile [68, 69]:

- Zeitlicher Aspekt:
  CFD- Simulationen liefern schnellere Ergebnisse; des Weiteren können (zumindest ein Teil der) Laborversuche, deren Verifikation nicht nötig ist, erspart werden.

- Problemverständnis:
  Aus den Simulationen können Informationen zu allen Gebieten des Strömungsmodells gewonnen werden. Die aus den Experimenten überlieferten Messergebnisse sind Überlagerungen verschiedener Einzeleffekte, welche in den Laboren nicht voneinander getrennt werden können.

- Finanzieller Aspekt:
  CFD Simulationen sind im Allgemeinen kostengünstiger.

- Gezielte Optimierung:
  Durch Variation der geometrischen Parameter lassen sich diese optimieren.

In der Praxis zeigen sich wiederholt große Unterschiede zwischen den numerischen und experimentellen Ergebnissen, weshalb eine Verifizierung erfolgen muss. Nicht nur die Simulation, sondern auch Messungen können fehlerbehaftet sein, wie z.B. durch Fehler im Messaufbau (z.B. Leckage, fehlerhafte Konstruktion) oder durch Ungenauigkeit bzw. fehlerhafte Anschlüsse der Sensoren [70]. In den nächsten Abschnitten folgen Erläuterungen über die Funktionsweise einer CFD-Simulation, die auch die Gründe der Abweichung zwischen den reellen und simulierten Werten verdeutlichen.

Zur Durchführen einer Simulation muss zuerst ein Modell generiert und die Randbedingungen definiert werden (siehe Ablauf einer Simulation in Tab. 2-1). Anhand dieser Informationen wird ein Rechennetz erzeugt. Mithilfe dessen und den mathematischen Gleichungen erfolgt eine Diskretisierung, in der die Finite-Volumen-Methode (FVM) benutzt wird. Damit wird ein Gleichungssystem erstellt, das aufgrund einer hohen Anzahl an Unbekannten iterativ gelöst wird. Nach Erfüllung eines Abbruchkriteriums wird die Simulation beendet und die Ergebnisse werden im Postprocessing veranschaulicht.

Im Rahmen dieser Arbeit wurde die CFD-Software von GeoDict verwendet, welches speziell für Strömungssimulationen innerhalb poröser Medien konzipiert ist. GeoDict steht für „**Geo**metric material designer" und „material property pre**Dict**or". Es ist in der Arbeitsgruppe von Herrn Dr. Andreas Wiegmann vom „Math2Market GmbH" (Kaiserslautern), einem Spin-Off Unternehmen des Fraunhofer Institut für Techno- und Wirtschaftsmathematik (ITWM, Kaiserslautern), entwickelt worden und wird als ein „virtuelles Materiallabor" für die Gewinnung von Informationen zu den Eigenschaften der Materialien und als Optimierung des Designs von „Hochleistungswerkstoffen" beschrieben [71].

Tab. 2-1: Ablauf einer Simulation mit GeoDict

| Erstellung eines Simulationsmodells | Kap. 2.2.1 |
|---|---|
| Definierung der Randbedingungen | Kap. 2.2.2 |
| Generierung eines Rechennetzes | Kap. 2.2.3 |
| Strömungsgleichungen | Kap. 2.2.4 |
| Diskretisierung | Kap. 2.2.5 |
| Iterationsverfahren | Kap. 2.2.6 |
| Abbruchkriterium | Kap. 2.2.7 |
| Postprocessing | Kap. 2.2.8 |

## 2.2.1 Simulationsmodell

Um Simulationen durchführen zu können, muss im ersten Schritt die Geometrie des Modells erzeugt werden. Es stellt sich die Frage, wie ein Drosselkörper mit Porengröße im Nanometerbereich als ein CFD-Modell modelliert werden kann. Zwar ist es in GeoDict möglich eine Dateisammlung aus einem Nano-CT zu importieren und somit ein Modell zu haben, bei der die Poren-Charakteristik dargestellt werden kann. Aber aufgrund des sehr komplexen Vorgangs der Erzeugung eines solchen Datensatzes und der zu erwartenden Kosten[5], wird eine makroskopische Betrachtung des Modells in Erwägung gezogen, indem das Gesetz von Darcy im porösen Bereich in Anwendung kommt. Zudem ist der Rechenaufwand sehr hoch, da eine Simulation mit einer hohen Auflösung durchgeführt werden müsste.

In GeoDict kann ein Modell aus Kombinationen von verschiedenen Objekten erstellt werden, die unterschiedliche Formen haben können, wie z.B. Kugel, Zylinder, Ellipsoide. Zudem können Objekte eingefügt werden, die Hohlräume aufweisen (siehe Abb. 2-5) [72, 73].

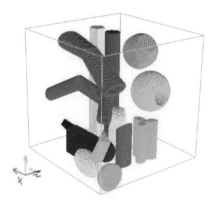

Abb. 2-5: Objekte in GeoDict zur Erzeugung eines Simulationsmodells [74]

Neben der Form werden in GeoDict zur Erstellung eines Simulationsmodells weitere Variablen, wie Größe und Position, eingesetzt. In Abb. 2-6 ist ein Beispiel eines Modells zur Veranschaulichung abgebildet. Darin ist links ein Drosselkörper mit (voll- und hohl-) zylindrischen Objekten abgebildet. Die Strömungseigenschaften werden anhand der Farbwahl der Objekte zugeordnet (z.b. blau: poröses Medium; grau und türkis: solide). Um Rechenzeiten gering zu halten, können Symmetrien ausgenutzt werden, indem man die Hälfte bzw. ein Viertel eines Drosselkörper benutzt (siehe Abb. 2-6, rechts). Hierbei müssen später im Postprocessing die Ergebnisse auf ein ganzes Modell übertragen werden.

---

[5]   Ein Nano-CT war zu der Zeit an der FH und an der Universität zu Lübeck nicht vorhanden.

Abb. 2-6: Beispiel für ein Simulationsmodell

Links: Ein Simulationsmodell der Vollzylinder-Drossel mit einer Auflösung von 5 µm. Die poröse Keramik (dunkelblau) befindet sich in Glaskapillaren (grau). Ein Schlauch (hellblau) schließt zwei der Bohrungen, wogegen drei weitere Bohrungen geöffnet sind.

Rechts: Aufgrund der Symmetrie-Eigenschaften ist die Simulation auch mit nur einer Hälfte des Modells möglich.

## 2.2.2 Einstellparameter und Randbedingungen

Zur Einstellung der Software-Parameter und den Randbedingungen wird zuerst das Strömungsgebiet definiert, indem ein quaderförmiger Raum erschaffen wird. Außerdem wird die Auflösung bestimmt und anschließend Objekte in dem Raum platziert, so dass sich ein Simulationsmodell bildet. Für die Interaktion zwischen der Hard- und Software wird die Anzahl an CPU-Kernen für die Simulation ausgewählt. Als Solver wird die Stokes-Brinkman Gleichung (Explicit Finite Volume - EFV) für beide Drosselkonzepte ausgewählt (Näheres hierzu ist in den Kap. 2.2.4 und 2.2.5 aufgeführt) und die Abbruchkriterien (siehe Kap. 2.2.7) werden definiert. Jedem Objekt im Modell wird eine Permeabilitätskonstante $\kappa$ (siehe Kap. 2.2.4 b.) zugeordnet. Für solide Materialien wird ein Nullwert für $\kappa$ eingegeben, für poröse Materialien dagegen der entsprechenden Permeabilitätswert. In Bereichen ohne Objekte herrscht die freie Strömung.

## 2.2.3 Das Rechennetz

In GeoDict wird das Rechennetz gleichzeitig mit der Geometrie generiert[6]. An den Rechenpunkten des Netzes werden die Strömungseigenschaften, wie z.B. die Geschwindigkeit $\vec{v}$ , berechnet. Eine geringe Auflösung führt zu großen Fehlern oder so-

---

[6]    In manch anderer CFD-Software (wie z.B. Ansys) können Geometrie und Rechennetz getrennt voneinander erzeugt werden.

gar zum Scheitern der Simulation. Wiederum führt eine gute Auflösung zu hohen Rechenzeiten, daher gilt der Grundsatz: „So fein wie nötig, so grob wie möglich." [70].

In verschiedener CFD-Software können strukturierte und unstrukturierte Netze erzeugt werden [67], in GeoDict wird ein strukturiertes Netz erzeugt, bei der die Elemente (Kontrolvolumina (KV)) in allen drei Raumrichtungen dieselbe Kantenlänge (Voxellänge) und somit die Form eines Würfels haben.

Abb. 2-7: Schnittbild des Simulationsmodells aus dem Vollzylinder

Die drei Simulationsmodelle habe eine Auflösung von 10 µm (links), 30 µm (Mitte) und 50 µm (rechts).

Abb. 2-7 zeigt 2-D-Schnittbilder von Modellen mit den Voxellängen von 10 (links), 30 (Mitte) und 50 µm (rechts). Die Simulationswerte für diese drei Ausführungen sind in Tab. 2-2 dargestellt, wobei hier im Vergleich zum Beispielmodell aus Abb. 2-6 keine Bohrungen vorhanden ist. Neben den unterschiedlichen Voxellängen werden auch verschiedene Genauigkeiten (siehe 2.2.7) ausgewählt. Eine gute Auflösung ist bei einer Voxellänge von 10 µm zu erkennen. Jedoch sind viele Iterationen und damit eine hohe Rechenzeit[7] nötig. Dies ist z.B. bei einer Simulation mit einer Genauigkeit von $10^{-4}$ zu erkennen. Für das Modell mit einer Auflösung von 10 µm werden 3400 Iterationsschritte benötigt, wogegen für die Modelle mit 20 µm und 30 µm Voxellänge nur 1300 bzw. 700 Iterationen aufgewendet werden müssen. Die Simulationsergebnisse der letztgenannten Modelle konvergieren bei höheren Genauigkeiten auf die Werte 96,39 nl/min bzw. 95,21 nl/min. Bei einer Genauigkeit von $10^{-4}$ kommen die Simulationen nah an den konvergierten Ergebnissen heran und zwar mit einer Differenz von ungefähr 5 nl/min. Das Modell mit 10 µm Voxellänge liefert dagegen bei $10^{-4}$ einen unbrauchbaren Wert, denn hier kam es zu einem Abbruch aufgrund einer Zeitüberschreitung der maximal angesetzten Rechenzeit von 240 Stunden in den Abbruchkriterien. Mit einer Genauigkeit von $10^{-2}$ sind die Simulationswerte bei allen drei Auflösungen weit weg von den konvergierten Ergebnissen, wobei hierfür wenige Iterationsschritte nötig sind.

---

[7]  Eine Beziehung zwischen der Iteration und der hierfür benötigten Zeit ist schwierig herzustellen, da die Rechner zu verschiedenen Arbeitszeiten unterschiedlich belastet werden, indem z.B. parallel zu den Simulationen weitere Anwendungen laufen.

Aufgrund des zeitlichen Rahmens in dieser Arbeit werden die Simulationen nicht mit dieser Voxellänge durchgeführt. Die Geometrie mit einer Voxellänge von 50 µm ist schlecht aufgelöst. Ein Kompromiss zwischen guter Auflösung und akzeptablen Rechenzeiten ist mit einer Voxellänge von 30 µm gegeben.

Tab. 2-2: Simulationen eines Beispielmodells mit unterschiedlichen Auflösungen (Voxellängen) und Genauigkeiten.

| Voxellänge 30 µm | Voxelanzahl in x-, y- und z-Richtung: 83 x 42 x 533= 1 858 038 Gesamtvoxelzahl | | | |
|---|---|---|---|---|
| Genauigkeit | $1x10^{-2}$ | $1x10^{-4}$ | $1x10^{-6}$ | $1x10^{-8}$ |
| Iterationen | 700 | 486701 | 130401 | 130101 |
| Simulationswert | 98093 µl/min | 97,96 nl/min | 95,21 nl/min | **95,21 nl/min** |

| Voxellänge 20 µm | Voxelanzahl in x-, y- und z-Richtung: 125 x 62 x 800= 6 200 000 Gesamtvoxelzahl | | | |
|---|---|---|---|---|
| Genauigkeit | $1x10^{-2}$ | $1x10^{-4}$ | $1x10^{-6}$ | $1x10^{-8}$ |
| Iterationen | 1300 | 683801 | 190986 | 193780 |
| Simulationswert | 73844 µl/min | 100,51 nl/min | 96,42 nl/min | **96,39 nl/min** |

| Voxellänge 10 µm | Voxelanzahl in x-, y- und z-Richtung: 250 x 125 x 1600= 50 000 000 Gesamtvoxelzahl | | | |
|---|---|---|---|---|
| Genauigkeit | $1x10^{-2}$ | $(1x10^{-4})8$ | $1x10^{-6}$ | $1x10^{-8}$ |
| Iterationen | 3400 | - (> 240 h)8 | - | - |
| Simulationswert | 55917 µl/min | 2021 µl/min[8] | - | - |

Es stellt sich außerdem die Frage, wie ein Kontrollvolumen (KV), das aus zwei Phasen besteht (wie z.B. freier und poröser Bereich), aufgelöst wird. Ein Beispiel hierfür ist die Auflösung an den Geometriekanten. Zur Erläuterung wird im Folgenden ein Vergleich zwischen den angegebenen Werten in der Softwareeinstellung und der realen Auflösung durchgeführt. Es sollen Zylindern mit Durchmessern von $d$= 1 bis 6 Voxel

---

[8] Diese Simulation endet nach der in dem Abbruchkriterium vorgegebene Zeit von 240 Stunden (10 Tage) und nicht bei einer Genauigkeit von $10^{-4}$.

erzeugt werden. In Abb. 2-8 a. bis f. sind 2-D-Schnittbilder der Zylinder (schraffierter Kreis) gemäß den eingegebenen Durchmessern in der Software-Einstellung abgebildet. Die tatsächliche Auflösung in Voxelgeometrien der Zylinder zeigen die markierten, quadratischen Flächen.

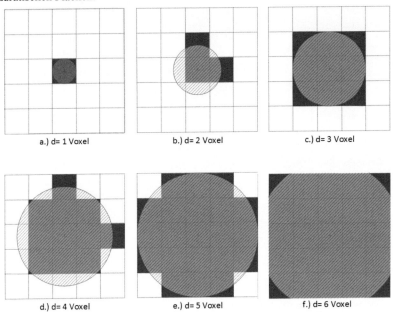

Abb. 2-8: 2D-Ebene eines Strömungsbereichs: Auflösung eines Zylinders mit den Durchmessern d= 1 Voxel bis d= 6 Voxel

Das Ganze wird in einem Gebiet von 5x5 Voxel aufgelöst. Der Mittelpunkt des Zylinders befindet sich genau in der Mitte des Gebietes und somit im Zentrum des mittleren KVs.

Wird ein Durchmesser von einem Voxel in den Einstellungen angegeben, so entsteht ein Rechteck mit den Kantenlängen von einem Voxel (siehe a)). Erhöht man den Durchmesser des Zylinders auf zwei Voxel, so generiert GeoDict eine L-förmige Struktur im ersten Quadranten (siehe b)). Die Bilder c) bis f) ergeben sich für größere Durchmesser. Auf den Algorithmus der Software GeoDict wird nachfolgend nicht eingegangen.

In diesen Beispielstrukturen besteht ein Verhältnis zwischen dem eingegebenen Durchmesser und der Auflösung mit 1:1 bzw. 6:1, weshalb sonderbare Strukturen ent-

stehen. Die Auflösung der Drossel ist feiner als die hier zur Veranschaulichung darge-
stellten Beispiele. Dies bedeutet, dass das Verhältnis zwischen den Abmaßen der
Drossel und der Auflösung größer ist. Aufgrund dessen entstehen bei der Generierung
der Drosselmodelle keine merkwürdigen Strukturen wie in a) und d) (vergl. Abb. 2-7).
Trotzdem muss der Nutzer bei der Generierung von Simulationsmodellen diese Phänomene berücksichtigen.

Um das Software-Verhalten genauer zu untersuchen, sind im Anhang III weitere Beispiele zur Auflösung einer Geometrie gegeben.

### 2.2.4 Die Stokes-Brinkman Gleichung

Mathematisch kann die Strömung durch eine Drossel mit einer porösen Komponente
mit der Stokes-Brinkman Gleichung beschrieben werden. Für die Erläuterung dieser
Gleichung wird zuerst die Navier-Stokes Gleichung und anschließend die Darcy-
Gleichung vorgestellt.

a.) Die Navier-Stokes Gleichung (NSG)

In der Strömungsmechanik können dreidimensionale Strömungen mithilfe der Erhal-
tungssätze für Masse, Impuls und Energie beschrieben werden. Genauer gesagt ist die
Berechnung der Geschwindigkeit $\vec{v}$ mit den Komponenten $u$, $v$ und $w$, der Dichte $\rho$,
dem Druck $p$ und der Temperatur $T$ möglich. Die Simulationen in dieser Arbeit basieren auf Erhalt des Impulses, weswegen die Navier-Stokes Gleichung (NSG), hier eine
führende Rolle einnimmt. Auf die Herleitung der NSG wird im Folgenden eingegangen. Hierfür wird eine laminare Strömung vorausgesetzt, wogegen für turbulente
Strömungen Modifikationen erfolgen müssten, die jedoch nicht in dieser Arbeit elabo-
riert werden.

Die NSG beruht auf den zweiten Newtonschen Axiom (Aktionsgesetz) [75]:

*"Die zeitliche Änderung der Bewegungsgröße, des Impulses*
*I=mv, ist gleich die resultierende Kraft F. Um einen Körper*
*konstanter Masse zu beschleunigen, ist eine Kraft F erforder-*
*lich, die gleich dem Produkt der Masse m und Beschleunigung a*
*ist."*

Damit wird eine Beziehung zwischen der Bewegungsänderung eines Körpers (Impuls-
strom) und der einwirkenden Kraft $F = \dfrac{\partial I}{\partial t} = \dfrac{\partial mv}{\partial t}$ hergestellt. Die Impulsgleichung in
Worten lautet [76]:

*Die zeitliche Änderung des Impulses im Volumenelement =*

$\sum$ *der eintretenden Impulsströme in das Volumenelement -*

$\sum$ *der ausströmenden Impulsströme aus dem Volumenelement +*

$\sum$ *der auf das Volumenelement wirkenden Scherkräfte, Normalspannungen +*

$\sum$ *der auf die Masse des Volumenelements wirkenden Kräfte*

Mathematisch wird die Gleichung folgendermaßen ausgedrückt:

$$\rho \cdot \underbrace{\frac{\partial \vec{v}}{\partial t}}_{lokale\ Beschleunigung} + \underbrace{\rho \cdot (\vec{v} \cdot \nabla)\vec{v}}_{Konvektion} = \underbrace{\mu \cdot \Delta \vec{v}}_{Diffusion} + \underbrace{\vec{k} - \nabla p}_{Quellterm} \cdot \qquad (2.1)$$

Hierbei ist $\rho$ die Dichte, $\vec{v}$ der Geschwindigkeitsvektor, $\nabla$ der Nabla-Operator, $\Delta$ der Laplace-Operator[9], $\mu$ die dynamische Viskosität, $p$ der Druck und $\vec{k}$ der Volumenkraftvektor.

Der konvektive Term beschreibt die „Verschiebung" des Fluids mit einer makroskopischen Geschwindigkeit. Zeitgleich wird die Konvektion durch molekulare Schwankungen überlagert. Diese Schwankungen führen ebenfalls zu einer Bewegung, die in der NSG im diffusiven Term berücksichtigt wird. Abb. 2-9 stellt die beiden Terme in einem zweidimensionalen Strömungsgebiet bildlich dar. Hier wird die Fortbewegung eines Fluidelements (grau) anhand dieser beiden Eigenschaften beschrieben. Zum Zeitpunkt $t_0$ hat das Fluidelement die Größe eines KVs. Die Vektoren im Zellmittelpunkt drücken die Geschwindigkeit der Strömung aus. Durch die kombinierte Wirkung von Konvektion und Diffusion verlässt das Fluidelement den Ursprungsort und -form zum Zeitpunkt $t_0$ und erhält eine neue Lage und Form zum Zeitpunkt $t_1$. Dabei werden die Erhaltungsgrößen wie Impuls, Masse, Energie mittransportiert.

Der Quellterm in der NSG repräsentiert die im zweiten Newtonschen Axiom erwähnten Druck- und Krafteinflüsse, die das Fluid in Gang setzen. Des Weiteren wird in Gleichung (2.1) der instationäre Fall der lokalen Beschleunigung berücksichtigt.

Als Näherung für die Beschreibung der Fluidbewegung in dieser Arbeit wird der stationäre Fall $(\partial \vec{v}/\partial t = 0)$ angenommen. Auf das System wirken keine Kräfte $(\vec{k} = 0)$. Die Geschwindigkeit des Fluids ist sehr gering, daher wird hier von einer

---

[9]  mit $\nabla = \left( \dfrac{\partial}{\partial x}, \dfrac{\partial}{\partial y}, \dfrac{\partial}{\partial z} \right)$ und $\Delta = \left( \dfrac{\partial^2}{\partial^2 x} + \dfrac{\partial^2}{\partial^2 y} + \dfrac{\partial^2}{\partial^2 z} \right)$

„schleichenden Strömung" gesprochen [77]. Für diesen Fall kann der konvektive Term vernachlässigt werden $\left(\left(\vec{v} \cdot \nabla\right)\vec{v} = 0\right)$.

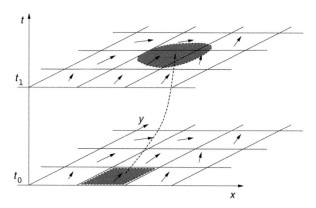

Abb. 2-9: Räumliche und zeitliche Bewegung eines Fluidelement in einem Raum-Zeit-Gitter [70]

Werden diese drei Vereinfachungen in die NSG eingesetzt, ergibt sich die Stokes-Gleichung mit

$$0 = \nabla p - \mu \vec{v} . \qquad (2.2)$$

b.) Das Gesetz von Darcy

1856 beschrieb der französische Ingenieur Henry Darcy eine Gesetzmäßigkeit über den Volumenstrom durch poröse Medien. Er füllte ein Rohr mit dem zu untersuchenden porösen Material (in diesem Falle Sand) und setzte zur Druckbestimmung sowohl am Einlauf als auch am Auslauf Piezometer an (siehe Abb. 2-10). Durch die zahlreichen Versuche entdeckte Darcy die Proportionalität zwischen dem Volumenstrom $\dot{V}$ und der Fläche $A$, dem Druckhöhenunterschied und der Länge $\Delta x$ mit

$$\dot{V} \sim A \cdot \frac{h_2 - h_1}{\Delta x} .$$

Näheres über Ziele und Versuchsaufbau der damaligen Zeit kann aus dem Anhang IV entnommen werden.

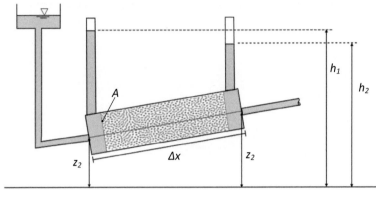

Bezugsebene

Abb. 2-10: Prinzipieller Aufbau von Henry Darcy zur Beschreibung des Flows durch poröse Medien [73]

Mit der Einführung des Durchlässigkeitsbeiwertes $\kappa$ (Permeabilität) folgert Darcy die mathematische Beziehung [78–80]

$$v = \frac{-\kappa}{\mu} \frac{\Delta p}{\Delta x} \; . \qquad (2.3)$$

Hierbei ist $v$ die Geschwindigkeit, $\Delta p$ der Druckverlust über die Strecke $\Delta x$ und $\mu$ die dynamische Viskosität. Da am Auslass ein geringerer Druck als am Einlass vorhanden und somit die Druckänderung negativ ist, wird es mit einem Minus auf der rechten Seite der Gleichung gekennzeichnet [81]. Die Permeabilität ist eine Materialkonstante, welche nur abhängig von der Porengeometrie ist. Unterschiedliche Fluidmedien werden in der Gleichung mit der Viskosität $\mu$ berücksichtigt.

Die Darcy-Gleichung ist im Bereich der porösen Medien sehr weit verbreitet. Zu dieser Gleichung sind zahlreiche Untersuchungen vorhanden, unter anderem auch dazu, wann die Gleichung nicht gültig ist. Carmany-Kozeny, Scheidegger und Payatakis haben zur Beschreibung der porösen Medien unterschiedliche Modelle entwickelt (siehe Abb. 2-11) und die dabei auftretenden Abweichungen analysiert. Eine mathematische Beschreibung abhängig vom porösen Modell liefert die Gleichung von Forchheimer [82] mit

$$\frac{\Delta p}{\Delta L} = \alpha \eta \omega_0 + \beta \rho \omega_0 .$$          (2.4)

Hierbei ist $\alpha$ die reziproke Permeabilität und $\beta$ der Trägheitskoeffizient des porösen Mediums. Für eine ausführliche Beschreibung dieser Gleichung wird auf [82] hingewiesen.

Des Weiteren gibt es die Untersuchung von Kaminskii, in der behauptet wird, dass je höher der Durchfluss eines Fluids ist bzw. je größer die Poren sind, desto größer die Abweichung zu Darcy ist [83].

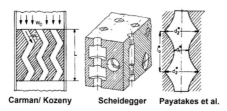

Abb. 2-11: Poröse Modelle nach Carman-Kozeny, Scheidegger und Payatakes et.al. [82]

c.) Die Stokes-Brinkman-Gleichung

In der Darcy-Gleichung (2.3) werden keine Trägheits- bzw. keine Schubkräfte berücksichtigt. Des Weiteren gilt die Darcy-Gleichung für Medien mit geringerer Permeabilität. Änderungen im Mikro-Bereich haben kaum Auswirkungen auf das System, Änderungen im Makro-Bereich jedoch haben erhebliche Einflüsse [84, 85]. Zudem werden Durchflüsse quer zur Strömungsrichtung in der Darcy-Gleichung nicht berücksichtigt und Haftbedingungen werden vernachlässigt [86].

Auf dieser Grundlage stellte Ende der 40er Jahre der Holländer H.C. Brinkman eine weitere Gleichung auf [87]:

$$\nabla p = \mu_{eff} \nabla^2 \vec{v} - \frac{\mu}{\kappa} \vec{v} .$$          (2.5)

Diese Gleichung ist bekannt als die Stokes-Brinkman-Gleichung.

Brinkman betrachtet hier zum einen den Durchfluss durch eine Pore (Haft- und Randbedingungen sowie der Einfluss der Nachbarporen sind mit inbegriffen) und zum anderen die Darcy-Gleichung [88]. Einige Veröffentlichungen sehen in der Stokes-Brinkman-Gleichung eine Erweiterung der Darcy-Gleichung, jedoch ist dies irreführrend. Brinkman bildet ein Verhältnis zwischen der Permeabilität $\kappa$ und der Viskosität $\rho$ [79, 89].

In Gleichung (2.5) ist $\mu_{eff}$ die effektive Viskosität und nicht gleich der Fluid-Viskosität. Zur Vereinfachung wird in vielen Fällen die effektive Viskosität gleich der Fluid-Viskosität angenommen, unter anderem von H.C. Brinkman. Es gibt Untersuchungen zur genauen Bestimmung der effektiven Viskosität, worauf in Anhang V in dieser Arbeit und in der darin enthaltenen Literaturstellen verwiesen wird.

Die breite Anerkennung der Stokes-Brinkman-Gleichung lässt sich darauf zurückführen, dass sowohl freie als auch poröse Strömungsbereiche in einer Gleichung beschrieben werden können (siehe Abb. 2-12). Der Darcy-Term fällt im freien Strömungsbereich für $\kappa \to \infty$ heraus und der Ausdruck ist gleich der Stokes-Gleichung (2.2). In einem Strömungsbereich mit Porosität ($\kappa \to 0$) ist der Laplace-Term vernachlässigbar klein, wodurch die Darcy-Gleichung in Erscheinung tritt [86, 90].

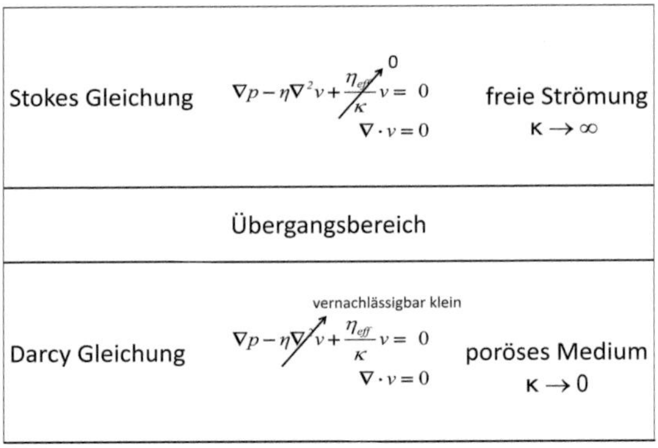

Stokes Gleichung    $\nabla p - \eta \nabla^2 v + \dfrac{\eta_{eff}}{\kappa} v = 0$ (mit Term $\to 0$)    freie Strömung

$\nabla \cdot v = 0$    $\kappa \to \infty$

Übergangsbereich

Darcy Gleichung    $\nabla p - \eta \nabla v + \dfrac{\eta_{eff}}{\kappa} v = 0$ (Laplace-Term vernachlässigbar klein)    poröses Medium

$\nabla \cdot v = 0$    $\kappa \to 0$

Abb. 2-12: Stokes-Brinkman-Gleichung für die freie Strömung und Strömung im porösen Bereich [72, 91]
In der freien Strömung verschwindet der Darcy-Term und übrig bleibt die Stokes Gleichung. Für $\kappa \to 0$ formt sich die Gleichung zur Darcy-Gleichung.

Gemäß der Darcy-Gleichung ist die Geschwindigkeit im porösen Bereich räumlich (entlang der y-Achse) konstant. In der freien Strömung ist der Geschwindigkeitsverlauf parabolisch aufgrund der Stokes-Gleichung. Am Übergangsbereich jedoch herrscht keine klare Trennung zwischen den beiden Termen (siehe Abb. 2-13). Die Scherkräfte werden in das poröse Medium übertragen, weshalb eine Geschwindigkeitsänderung des in den Poren befindlichen Fluids erfolgt. Dieser Verlauf ist abhängig von der Viskosität, der Permeabilität und von weiteren Materialeigenschaften wie z.B. der Porenstruktur und der Porosität [91, 92].

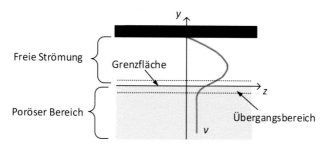

Abb. 2-13: Geschwindigkeitsverlauf im freien und porösen Strömungsbereich [79]

Im Übergangsbereich ändert sich aufgrund der Scherkräfte das Verhalten der Geschwindigkeit in den Poren.

### 2.2.5 Diskretisierung

Gleichungen, die ein Strömungsverhalten beschreiben, können nicht ohne weiteres zur numerischen Lösung in Computerprogrammen genutzt werden. Sie müssen umgeformt werden. Diese Umformung ist auch als „Diskretisierung" bekannt. Diskretisierung bedeutet, dass die (gekoppelten, nichtlinearen) partiellen DGLen in algebraische Differenzengleichungen umgeformt bzw. die partiellen Ableitungen (Differentiale) in endliche Differenzen umgewandelt werden [67].

Zur Erläuterung dieser These wird ein Rechennetz aus Abb. 2-14 genauer betrachtet. Es ist ein Ausschnitt um einen beliebigen Punkt P, an dem eine gesuchte Größe, wie z.B. die Geschwindigkeit $v$, bestimmt werden soll.

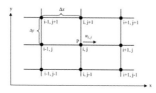

Abb. 2-14: Zweidimensionale Darstellung eines *Rechennetzes um den Punkt P [67]*

Zur Veranschaulichung wird die Diskretisierung des Differential $\partial v/\partial x$ in x-Richtung am Punkt P(i, j) durchgeführt, indem die Differenzen zu den benachbarten Punkten gebildet werden:

$$\frac{\partial v}{\partial x} \approx \frac{\Delta v}{\Delta x} = \frac{v_{i+1,j} - v_{i,j}}{x_{i+1,j} - x_{i,j}} = \frac{v_{i+1,j} - v_{i,j}}{\Delta x}.$$

In der Numerik werden drei Diskretisierungsarten unterschieden, wobei die Software GeoDict die Finite-Volumen-Methode (FVM) in ihrem Algorithmus verwendet. Weitere Diskretisierungsmethoden sind die Finite-Elemente-Methode (FEM) und die Finite-Differenzen-Methode (FDM). In der FVM werden die Strömungsgleichungen in einer Integralform verwendet und in Summengleichungen umgewandelt. Das Gebiet wird in mehrere Kontrollvolumina (KV) unterteilt und die Strömungsgleichung auf jedes KV angewendet [93].

Zur Erläuterung der FVM wird statt der Stokes-Brinkman-Gleichung die Erhaltungsgleichung verwendet, die eine allgemeine Form für die drei Strömungsgleichungen der Masse, des Impulses und der Energie ist. Die Umformungen sind deshalb einfacher nachvollziehbar. Die Erhaltungsgleichung in der vektoriellen Form[10] lautet:

$$\underbrace{\frac{\partial(\rho\cdot\phi)}{\partial t}}_{\text{lokale zeitl. Änderung}} + \underbrace{div(\rho\cdot\vec{c}\cdot\phi)}_{\text{Konvektion}} = \underbrace{div(\Gamma_\phi\cdot grad(\phi))}_{\text{Diffusion}} + \underbrace{S_\phi}_{\text{Quellterm}} \quad . \tag{2.6}$$

Die gesuchte Unbekannte ist $\Phi$, die von Ort $(x,y,z)$ und Zeit (t) abhängig ist. Die Unbekannte $\Phi$ kann die Dichte $\rho$ oder wie in dieser Arbeit die Geschwindigkeit $v$ sein. Des Weiteren ist $\Gamma_\Phi$ der zugehörige Diffusionskoeffizient. Die lokale zeitliche Änderung der Größe $\Phi$ und ein Quellterm $S_\Phi$, der die Quellen und Senken im Kontrollvolumen umfasst, vervollständigen die Gleichung.

Das wesentliche Merkmal in der FVM ist die Integration der Erhaltungsgleichung über die Kontrollvolumina [68]. Hierfür wird die Kompassnotation für ein KV eingeführt, die in Abb. 2-15 dargestellt ist. Das Kontrollvolumen ist in diesem Beispiel quaderförmig, wobei Geodict ausschließlich Würfel (Voxel) verwendet. Im Inneren des KVs ist der Punkt P definiert. Die Punkte E (East), W (West), S (South), N (North), H (High) und L (Low) sind die Mittelpunkte der Nachbarkontrollvolumina. Zwischen Punkt P und den Nachbarpunkten liegen die Kontrollvolumenoberflächen, die mit dem entsprechenden Kleinbuchstaben versehen sind.

---

[10] mit $div(\rho\cdot\vec{c}\cdot\phi)=\frac{\partial(\rho\cdot c_x\cdot\phi)}{\partial x}+\frac{\partial(\rho\cdot c_y\cdot\phi)}{\partial y}+\frac{\partial(\rho\cdot c_z\cdot\phi)}{\partial z}$,   $div(\Gamma_\phi\cdot grad(\phi))=\frac{\partial}{\partial x}\left(\Gamma_\phi\cdot\frac{\partial\phi}{\partial x}\right)+\frac{\partial}{\partial y}\left(\Gamma_\phi\cdot\frac{\partial\phi}{\partial y}\right)+\frac{\partial}{\partial z}\left(\Gamma_\phi\cdot\frac{\partial\phi}{\partial z}\right)$,

$grad(\phi)=\left(\frac{\partial\phi}{\partial x},\frac{\partial\phi}{\partial y},\frac{\partial\phi}{\partial z}\right)$

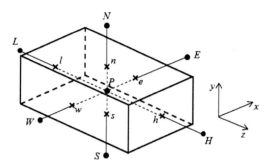

Abb. 2-15: Kontrollvolumen mit Kompassnotation [68]

Für eine weitere Vereinfachung wird der stationäre Fall der Erhaltungsgleichung betrachtet:

$$\underbrace{div\left(\rho \cdot \vec{c} \cdot \phi\right)}_{\text{Konvektion}} = \underbrace{div\left(\Gamma_{\phi} \cdot grad(\phi)\right)}_{\text{Diffusion}} + \underbrace{S_{\phi}}_{\text{Quellterm}} . \tag{2.7}$$

Mithilfe des Gauß'schen Integralsatz

$$\int_{V} div\left(\vec{f}\right) dV = \int_{A} (\vec{f} \cdot \vec{n})\, dA \tag{2.8}$$

lassen sich die Volumenintegrale in Integrale über die KV-Oberfläche $A$ überführen

$$\int_{A} \rho \cdot \phi \cdot \left(\vec{c} \cdot \vec{n}\right) dA = \int_{A} \Gamma_{\phi} \cdot \left(grad(\phi) \cdot \vec{n}\right) dA + \int_{V} S_{\phi}\, dV . \tag{2.9}$$

Hier ist der Einheitsvektor $\vec{n}$ die Normale zur Oberfläche $dA$.

Unter der Annahme, dass an jeder Teilfläche des KV die Größen $\Phi$, $\rho$, $\vec{c}$ und $\Gamma_{\phi}$ homogen verteilt sind bzw. zu jeder dieser Größe ein Wert zugeordnet werden kann, ist es möglich die Gleichung (2.9) in eine Summengleichung (über die Teiloberflächen) umzuwandeln:

$$\underbrace{\sum_{i}\left(\rho \cdot \phi\right)_{i} \cdot \left(c_{i} \cdot A_{i}\right)}_{\text{Konvektion}} = \underbrace{\sum_{i}\Gamma_{\phi,i} \cdot \left(grad(\phi)\right)_{i} \cdot A_{i}}_{\text{Diffusion}} + \underbrace{\overline{S}_{\phi} \cdot V}_{\text{Quellterm}} . \tag{2.10}$$

Der Index $i$ steht für die Teiloberfläche $i$ des Kontrollvolumens[11]. Der Term $(\rho \cdot \Phi)_i$ ist ein Produkt aus der Dichte und der Strömungsgröße $\Phi$, die an der Teilfläche $A_i$ zugeordnet sind. Die Geschwindigkeit $c_i$ wirkt senkrecht auf die Fläche $A_i$. Analog bezieht sich der Term $(grad(\varphi))_i$ auf die Teilfläche $A_i$, wobei nur die Komponente des Vektors

---

[11]   Somit hat $i$ im Kontrollvolumen aus Abb. 2-15 den Wert von 1 bis 6.

grad($\varphi$) berücksichtigt wird, die senkrecht auf $A_i$ wirkt. Für den repräsentativen Mittelwert $\overline{S}_\phi$ des Quellterm gilt

$$\overline{S}_\phi = \frac{1}{V} \cdot \int_V S_\phi \cdot dV \, .$$

Auch die Gleichung (2.10) besteht aus einer Konvektion, Diffusion und einem Quellterm. Da aber die Gleichung Größen beinhaltet, die an der Oberfläche des KVs zugeordnet sind, müssen Modifikationen durchgeführt werden, um die Strömungsgrößen am Punkt P berechnen zu können. Es muss eine Verknüpfung zwischen den Größen an den Oberflächen und dem Mittelpunkt gefunden werden. Da dies zu umfangreich ist und den Rahmen für die Grundlagen dieser Arbeit überschreitet, wird auf die Literatur von Böckh et al. [68] verwiesen. Wichtig ist dabei die Erkenntnis, dass man mit der Summengleichung aus (2.10) eine Beziehung zwischen den Strömungsgrößen benachbarter KVs aufbaut und im späteren iterativen Prozess (siehe nächster Abschnitt) mithilfe der Randbedingungen die Strömungsgleichung lösen kann.

### 2.2.6 Iterationsverfahren- der SIMPLE-Algorithmus

Nach der Diskretisierung wird ein Gleichungssystem erzeugt, das Beziehungen der Rechengrößen von einem KV mit den Größen aus den Nachbar-KV bildet. Dieses Gleichungssystem wird durch ein Iterationsverfahren gelöst und hat die allgemeine Form

$$\begin{pmatrix} a_{11} & \cdots & a_{1N} \\ \vdots & \ddots & \vdots \\ a_{N1} & \cdots & a_{NN} \end{pmatrix} \begin{pmatrix} u_1 \\ u_2 \\ \vdots \\ u_N \end{pmatrix} = \begin{pmatrix} Q_1 \\ Q_2 \\ \vdots \\ Q_N \end{pmatrix} \quad \text{bzw. } A \cdot U = Q,$$

wobei der Vektor $U$ die Geschwindigkeiten jedes KVs und der Vektor $Q$ die Quelle (bzw. Senke) beinhalten [70]. Mit den Koeffizienten aus der Matrix $A$ werden die Beziehungen zwischen den KV mithilfe der Randbedingungen erzeugt. In den Drosselvarianten hat die Anzahl $N$ einen Wert von 4 087 343 in der Röhrchen-Variante und 1 858 038 in der Vollzylinder-Variante bei einer Auflösung von 30 μm pro Voxel. Eine direkte Lösung eines Gleichungssystems mit einigen Millionen Unbekannten ist schwierig, weshalb iterative Lösungsmethoden bevorzugt werden.

Für die Simulationen wird der SIMPLE-Algorithmus (Semi-Implicit Method for Pressure Linked Equations) als die iterative Methode in den Solver-Einstellung ausgewählt. Statt dem voll-implizierten oder explizierten wird mit dieser Methode das semi-implizierte Verfahren eingesetzt. Hier werden der Druck zu einem neuen Zeitpunkt ($t+1$) und die anderen Terme zu einem alten Zeitpunkt ($t$) definiert. In der voll-implizierten Variante dagegen werden Druck und Geschwindigkeit für den Zeitpunkt ($t+1$) und in der expliziten diese beiden Komponenten für den alten Zeitpunkt ($t$) zur Bestimmung angestrebt, wobei in der letztgenannten dies nicht möglich ist. In diesem Verfahren wird zum einen die Strömungsgleichung, hier die Stokes-Brinkman Glei-chung, und zum anderen die Kontinuitätsgleichung gleichzeitig erfüllt. Der Ablauf des SIMPLE-Algorithmus ist in Abb. 2-16 dargestellt. Zunächst wird der Druck willkür-lich gewählt. Dieser Druckwert wird in die Impulsgleichung eingesetzt und eine vor-läufige Geschwindigkeit $v*$ ermittelt. Da die Druck und Geschwindigkeitswerte nicht die Stokes-Brinkman- und die Konti-Gleichung erfüllen, folgt die Berechnung einer Druckkorrektur $p'$. Mit dieser Korrektur wird ein neuer Druckwert als die Summe des alten Wertes und der Korrektur und die dazugehörigen Geschwindigkeiten ermittelt. Anschließend wird die Impulsgleichung erneut berechnet. Diese Schritte werden bis zur Konvergenz wiederholt [94, 95]. Tritt die Konvergenz nicht ein, so wird der ver-besserter Druckwert aus dieser Zeitschicht für den nächsten iterativen Schritt einge-setzt.

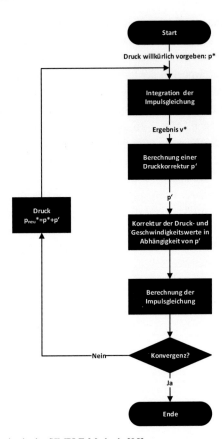

Abb. 2-16: Vorgehensweise in der SIMPLE-Methode [95]

### 2.2.7 Abbruchkriterium

Das iterative Verfahren liefert eine angenäherte Lösung, deren Qualität abhängig vom Abbruchkriterium ist. Nur bei unendlich vielen Iterationen würde man das richtige Ergebnis erhalten [96]. In der Software GeoDict gibt es folgende drei Möglichkeiten eine Simulation zu beenden bzw. die Qualität der Näherungslösung zu bestimmen [97]:

- Accuracy (Simulationsgenauigkeit)
  Eine bevorzugte Möglichkeit, die Simulationen zu beenden, basiert auf dem Ergebnis der Simulationsgenauigkeit. Die Iterationen dauern so lange an, bis der relative Unterschied der zu berechnenden Größe (Geschwindigkeit) in einem

Intervall von mehreren Iterationsschritten (Permeability Check Intervall) kleiner ist als der eingegebene Genauigkeitswert (Accuracy). D.h. nach jedem
„Check Intervall" wird der relative Unterschied[12] verglichen und im Falle einer
Differenz, die kleiner ist als die Genauigkeit, erfolgt der Abbruch des Iterati-
onsverfahrens.

- Maximal Iteration (maximale Anzahl an Iterationen):
  Die Simulation kann auch durch die Anzahl der Iterationen beendet werden. Im
  Folgenden wird für die Simulationen eine Grenze von 10 Millionen Iterations-
  schritten eingestellt.

- Maximal Run Time (maximale Simulationszeit):
  Die Simulation wird nach der hier angegebenen Zeit beendet. In dieser Arbeit
  wurde die in der Software voreingestellte Zeit von 240 Stunden nicht geändert.

Tritt einer dieser drei Fälle ein, so beendet GeoDict die Simulation und stellt das Ergebnis in einem „Result-File" vor. Primär möchte der Anwender durch die Eingabe einer Genauigkeit die Simulationsdauer steuern. Da jedoch nicht abzuschätzen ist, wann
dieser Fall eintritt, wird das Abbruchverfahren durch die Bedingungen mit der maximalen Zeit bzw. der maximalen Iterationszahl erweitert.


**Restart Option**

Zu Beginn weiß der Anwender nicht, welche Genauigkeit gewählt werden sollte. Daher fängt man mit einer niedrigen Genauigkeit (z.B. $10^{-2}$) an und führt anschließend
eine weitere Simulation mit einer höheren Genauigkeit (z.B. $10^{-3}$) durch, die aber die
vorherige Simulation aufgreift (Restart Option). D.h. die aufbauende Simulation startet
nicht bei null. Mit der Restart Option führt man weitere Simulationen mit immer höher
werdenden Genauigkeiten ($10^{-4}$, $10^{-5}$,...) durch. Wegen dem iterativen Verfahren konvergieren die Ergebnisse gegen einen bestimmten Wert. Der Anwender entscheidet
selbst, bis zu welcher Genauigkeit simuliert und wie viel Zeit für die Simulation verwendet wird.

Der Aufwand, die Simulationen nacheinander laufen zu lassen, ist gering, da der Code
aus dem Makro beliebig oft kopiert werden kann. An dem Code ist lediglich die Genauigkeit zu ändern. Der Aufwand hierbei ist überschaubar und alle Simulationen laufen selbstständig nacheinander ab.

---

[12]  Relativer Unterschied: $\dfrac{\text{neuer Flow - zuvor ermittelter Flow}}{\text{zuvor ermittelter Flow}}$

## 2.2.8 Postprocessing

Im Postprocessing werden die Simulationsergebnisse analysiert und visualisiert. Hier soll überprüft werden, ob die Simulationen fehlerfrei abgelaufen sind. Folgende Fehler sollen im Anschluss der Simulation überprüft werden:

- Fehlerhafte Modellierung:
  Die Strömung kann aufgrund eines Fehlers im Simulationsmodell einen seltsamen Verlauf einnehmen.
- Falsche Wahl der Randbedingungen:
  Es soll überprüft werden, ob die Randbedingungen eingehalten werden.
- Auflösungsfehler:
  Kleine Strukturen im Modell können schlechte Auflösung besitzen.
- Konvergenzverhalten:
  Durch eine zufällige Erfüllung des Abbruchkriteriums kann ein ungenauer Simulationswert erfolgen. Sind die Abbruchkriterien „Maximal Iteration" und „Maximal Run Time" erfüllt, so kann hier das Ergebnis ungenau sein. Es kann aber anhand der Konvergenz abgeschätzt werden, wie gut das Ergebnis ist.

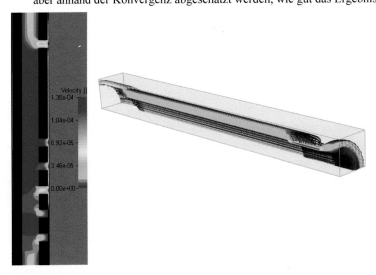

Abb. 2-17: Beispiele zur visuellen Darstellung des Strömungsverlaufs

Links: Geschwindigkeitsverlauf der Strömung in einem 2-D-Schnittbild, bei der die ersten beiden Bohrungen (von unten aus gesehen) verschlossen sind, im Vollzylindermodell.Die Strömung verläuft von unten nach oben.

Rechts: Darstellung der Stromlinien in einem 3-D-Modell des Röhrchens. Die Strömung verläuft von rechts nach links.

Der Strömungsverlauf kann nach Ablauf der Simulation visuell in 2-D oder 3-D dargestellt werden (siehe Abb. 2-17). In einem „Result-File" sind Informationen bezüglich der Eingabeparameter, die Simulationsergebnisse (Geschwindigkeit, Druck, Flowwiderstand), der Simulationsablauf (Anzahl der Iterationen, Abbruchkriterium) und der Konvergenzverlauf vorhanden. Für die Berechnung des Volumenstroms wird die simulierte Geschwindigkeit mit der Fläche multipliziert. Da aufgrund der Symmetrien nur die Hälfte (Vollzylinder-Variante) bzw. nur ein Viertel (Röhrchen-Variante) des ursprünglichen Strömungsmodells verwendet wird, muss im Postprocessing das Ergebnis verdoppelt bzw. vervierfacht werden.

# 3 Methoden

In diesem Kapitel wird die Vorgehensweise zur Erzielung der Ergebnisse vorgestellt. In Kap. 3.1 werden die verwendeten Methoden für die Vollzylindervariante und in Kap. 3.2 die Methoden für die Röhrchen-Variante vorgestellt. Wie bereits in der Einleitung erwähnt werden zu Beginn die Materialien (Vollzylinder- und Röhrchenkeramik) durch eine Permeabilitätsbestimmung charakterisiert. Daher wird zuerst die Methode der Permeablitätsmessung präsentiert. Anschließend werden die Simulationen erläutert, die zur Abschätzung des Durchflusses durchgeführt werden. Lösungsmethoden, die bei der Entwicklung der Drossel zur Behebung der aufgetretenen Schwierigkeiten verwendet wurden, werden danach vorgestellt. Es folgt die Vorstellung der Messmethoden zur Ermittlung des variablen Durchflusses. Eine Fehlerbetrachtung anhand von Simulation rundet das Kapitel ab.

Vor dem Beginn der Messungen stellt sich die Frage ob sich mit den vorhandenen Keramiken die geforderten Messbereiche mit 70 nl/min bis 1400 nl/min (Pumpenvariante 1, siehe Tab. 1-2 aus Kap. 1.4) und 70 nl/min und 2800 nl/min (Pumpenvariante 2) realisieren lassen. Denn um das Flow-Verhältnis von 70/1400 bzw. 70/2800 zu erreichen, muss das Verhältnis zwischen der minimalen und maximalen Durchflusslänge durch die Keramik denselben Wert aufweisen. Mit $\dot{V} = v \cdot A$ und der Annahme, dass die Permeabilität $\kappa$, die Viskosität $\mu$ und der Druckabfall $\Delta p$ während der gesamten Messzeit konstant bleibt, lautet die Darcy-Gleichung (2.3)

$$\dot{V} = c(\kappa, \mu, \Delta p, A) \cdot \frac{1}{\Delta x},$$

woraus sich das Verhältnis

$$\dot{V}_{\max} / \dot{V}_{\min} = \Delta x_{\max} / \Delta x_{\min}$$

ergibt. Hierbei legt das Fluid bei einem Durchfluss von $\dot{V}_{\max}$ die Strecke $\Delta x_{\min}$ zurück (analoges gilt für $\dot{V}_{\min}$ und $\Delta x_{\max}$). Im Weiteren wird die Untersuchung für die beiden Drosselvarianten getrennt betrachtet.

## Vollzylinder

In der Vollzylindervariante kann die erste Bohrung aufgrund der Fertigung mit einem minimalen Abstand zur Eintrittsseite von 0,5 mm platziert werden (eine nähere Erläuterung ist in Kap. 3.1.2.1 zu finden). Damit ist die Lage der ersten Bohrung mit $\Delta x_{\min} = 0,5$ mm gegeben. Setzt man die Flowwerte der beiden Pumpenvarianten für $\dot{V}_{\max}$ und $\dot{V}_{\min}$ ein, so erhält man

Pumpenvariante 1:    $\Delta x_{max} = \dot{V}_{max}/\dot{V}_{min} \cdot \Delta x_{min} = 1400/70 \cdot 0,5\,\text{mm} = 10\,\text{mm}$    bzw.

Pumpenvariante 2:    $\Delta x_{max} = \dot{V}_{max}/\dot{V}_{min} \cdot \Delta x_{min} = 2800/70 \cdot 0,5\,\text{mm} = 20\,\text{mm}$.

Aus dieser Rechnung geht hervor, dass die Keramiklänge 10 mm für die Pumpenvariante 1 bzw. 20 mm für die Pumpenvariante 2 betragen muss. Da die Keramik aber nur eine Länge von 12 mm besitzt, wird der geforderte Flowbereich für die Pumpenvariante 2 nicht abgedeckt. Wird für diese Variante die maximale Durchflusslänge mit 12 mm gesetzt so ergibt sich für die Lage der ersten Bohrung mit $\Delta x_{min,\text{Alternativ}}=$ 0,3 mm. Dies jedoch lässt sich aus Fertigungsgründen schwierig realisieren. Im Gegensatz dazu lässt sich der Flowbereich der Pumpenvariante 1 mit dieser Keramik abdecken.

**Röhrchen**

Auf die 20 mm lange Mantelfläche des Röhrchens wird Klebstoff aufgetragen, so dass letztendlich an einem Ende eine Austrittsfläche von 2 mm Länge frei bleibt. Somit ist eine Weglänge des Fluids von maximal 18 mm möglich.

Aufgrund der Herstelltoleranz weicht die Lage der Grenze zwischen Klebstoff und freier Fläche ab. Zudem ist die Spitze des Stiftes abgerundet, damit das Polymermaterial bei einer Stiftbewegung nicht beschädigt wird. Unklar ist, aufgrund dieser Abrundung, an welcher Stelle genau die Abdichtung erfolgt. Aus diesen beiden Gründen wird der Stift zu Beginn der Messung sicherheitshalber um $\Delta x_{min}= 2$ mm innerhalb des Drosselbereichs der 18 mm Länge eingeführt[13].

Anhand dieser Information ist eine Drossellänge von

Pumpenvariante 1:    $\Delta x_{max} = \dot{V}_{max}/\dot{V}_{min} \cdot \Delta x_{min} = 1400/70 \cdot 2\,\text{mm} = 40\,\text{mm}$    bzw.

Pumpenvariante 2:    $\Delta x_{max} = \dot{V}_{max}/\dot{V}_{min} \cdot \Delta x_{min} = 2800/70 \cdot 2\,\text{mm} = 80\,\text{mm}$

statt der gegebenen 18 mm nötig.

---

[13]  Andernfalls könnte im Worst-Case Fall ein höherer Durchfluss als die Überdosierung mit 4,17 µl/min strömen. Dies ist möglich, wenn z.B. die Grenze zwischen dem Bereich des Klebstoffes und der freien Ausströmbereichs (ungünstig) versetzt liegt bzw. durch die Abrundung des Stiftes weniger Fläche im Inneren des Röhrchens abgedichtet wird oder die Kombination dieser beiden Fälle.

Mit den vorhandenen Keramikröhrchen werden beide Flowbereiche nicht abgedeckt.

Nach Absprache mit dem Industriepartner ist in erster Linie ein Flowbereich zwischen 70 und 1000 nl/min erwünscht und akzeptabel. Mit dieser Arbeit wird das Funktionsprinzip beider Drosselvarianten überprüft, indem auch die niedrigen Flowbereiche erfüllt werden. Für die spätere Marktreife können die Geometrien und die Permeabilität der Keramiken für alle geforderten Flowbereiche optimiert werden.

Die geforderten Flowbereiche sind für eine präzise Einstellbarkeit zu breit, da die Weglänge $x$ durch die Poren gemäß Darcy mit $\dot{V} \sim 1/x$ zu berücksichtigen ist. Dieser Verlauf ist in der Graphik aus Abb. 3-1 dargestellt. Hat die Weglänge $x$ durch die Poren einen kleinen Wert (Bereich I), so führen kleine Änderungen der Weglänge $x$ zu großen Änderungen des Flows $\dot{V}$. Änderungen bei großen $x$-Werten haben kaum Einfluss auf den Flow $\dot{V}$ (Bereich III). Erwünscht ist die Einstellbarkeit im Bereich II, in der Änderungen der Weglänge $x$ weder zu hohen oder zu niedrigen Flowänderungen führen.

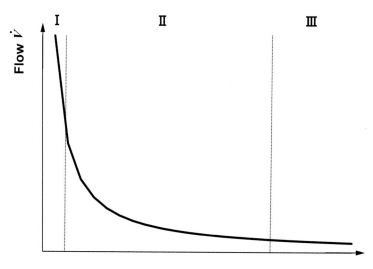

**Weglänge $x$ durch die Poren**

Abb. 3-1: Der Durchfluss in Abhängigkeit des Wegs x durch die Poren

Gemäß Darcy ist der Flow proportional zu 1/x und daher ergeben sich Bereich I und III, die nicht für eine präzise Einstellbarkeit des Durchflusses geeignet sind.

## 3.1  Drosselvariante Zylinder

In Kap. 1.5.1 wurde das Prinzip der Vollzylinder-Variante vorgestellt. Es sind zwei Konstruktionsmodelle, im Folgenden „Konstruktion Axial" und „Konstruktion Radial" genannt, entwickelt worden, da die axiale Variante später sich in die Infusionspumpe implementieren lässt und die radiale Variante für Laborzwecke gut geeignet ist. Im Modell „Axial" werden die Bohrungen verschlossen, indem der Stift parallel zur Achsrichtung bewegt (siehe Abb. 3-2). Damit ist für den Versuchsdurchführenden schwierig bzw. nicht zu erkennen, wann und welche Bohrung bei einer Stiftbewegung verschlossen werden. Diese Methode jedoch kann in einer Pumpe verwendet werden. Für Labormessungen erfolgt eine Änderung dieser Konstruktion gemäß dem Messaufbau „Radial" (siehe Abb. 3-3). Hier kann der Versuchsdurchführende die Bohrung einzeln verschließen, indem ein Stempel von oben nach unten bewegt wird und dabei der Schlauch auf die Bohrung drückt. Im Folgenden werden die Details beider Aufbauten und deren Unterschiede eingehend erläutert.

### Konstruktionsaufbau Axial

Der „Konstruktionsaufbau Axial" erfolgt mit Hinblick auf die spätere Implementierung in die Infusionspumpe. Denn durch die axiale Bewegung des Stiftes ist die Bauhöhe der Drossel niedrig haltbar und dadurch gegenüber dem „radialen" Modell vorteilhafter. Für die Vollzylinder-Probe wird ein „Anschlussteil" entworfen (siehe Abb. 3-2) um die Probe an den Messstand anschließen zu können (Näheres über den Messstand ist in Kap. 3.3 zu finden). Dieses Anschlussteil wird an ein Ende der Glaskapillare mit dem UV-Klebstoff M1161 unter Verwendung der UV-Lampe Dymax Blue Wave 75 zusammenfügt. Am anderen Ende des Anschlussteils ist ein ¼-24-Zoll-Gewinde gefertigt, womit die Probe über eine Schlauchverbindung an den Messstand angeschlossen wird. Der Anschluss erfolgt durch die Konnektierungselemente „Fitting P525" und „Ferrule P248" und einen 1/32-zöllige Schlauch (Artikel 1569) der Fa. Upchurch Scientific. Entlang der gesamten Länge des Anschlussteils führt eine Bohrung mit dem Durchmesser von 1,1 mm. Das ist derselbe Durchmesser wie der des Keramikzylinders bzw. wie der Innendurchmesser der Glaskapillaren. Die Glaskapillare hat einen Außendurchmesser von $\varnothing_A = 2,3$ mm und eine Länge von $L = 56$ mm. In der Glaskapillare sind Bohrungen gefertigt, die in dem folgenden Unterkapitel näher beschrieben werden. Ein 20 mm langer PVC-Schlauch (Durchmesser 2,4 mm/ 4,0 mm, Reichelt Chemietechnik, Art. 17564) wird über die Bohrungen gezogen. Je länger der Schlauch ist, desto schwieriger ist es, ihn über die Glaskapillaren zu ziehen. Der vorgesehener Spalt von 0,1 mm ist aufgrund der Herstelltoleranzen nicht über die gesamt Länge gegeben, daher haftet der Schlauch beim Überziehen an der Glaskapillare und eine bestimmte Kraft ist nötig, um die Haftreibung zu überwinden. Die Probe mit dem zusammenmontierten Anschlussteil und Schlauch wird in eine Nut einer Platte („untere Platte") des Aufbaus gelegt. Eine weitere Platte („obere Platte"), die auf die untere Platte montiert wird, enthält eine zylindrische Aushölung. Diese Aushölung dient als eine Führung für den Stift, der an der Oberfläche des Schlauches entlang gleitet und so die Verschließung der Bohrungen ermöglicht. Eine Überlappung des Stiftes mit dem Schlauch von $\Delta s$= 0,2 mm ist für die Pressung des Schlauch gegen die Bohrungen und somit zur Verschließung nötig. Der vordere Bereich des Stiftes hat einen größeren Durchmesser von $\varnothing_{Stiftspitze}$= 4,4 mm und eine Länge von $L$= 10 mm. Die Gesamtlänge des Stiftes beträgt 60 mm und der Durchmesser des schmalen Bereichs liegt bei 2 mm. Durch die Reibung des Stiftes entlang des Schlauchs entsteht eine Kraft in die axiale Richtung, die zu einer Verschiebung der Probe in dieselbe Richtung zur Folge hat. Daher wird das Anschlussteil mit einem Heißkleber am Gehäuse befestigt, so dass es dieser Bewegung entgegen wirkt. Würde man stattdessen mit den beiden Platten eine Pressung für die Fixierung an der Probe erzeugen, so würde eine Querkraft an der Glaskapillare zu einem unerwünschten Bruch führen. Die Führungsbohrung in der Oberschale hat einen Durchmesser von 5 mm. Diese Führung muss mit einer sehr engen Herstelltoleranz gefertigt werden, da eine „schräge" Bewegung des Stiftes eine zusätzliche Kraft in radiale Richtung bewirken würde und es somit zum Bruch der Glaskapillaren kommen könnte. Der Versuchsaufbau befindet sich auf einer „neMESYS®"-Spritzenpumpe der Fa. Cetoni GmbH, an der der Stift angesteuert wird.

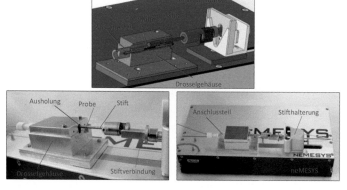

Abb. 3-2: Konstruktionsaufbau Axial

In der oberen Abbildung ist die CAD-Zeichnung und in den unteren Bildern der Drosselaufbau zu sehen. Mit einem sich axial bewegenden Stift werden die Bohrungen einzeln verschlossen. Wegen dem Drosselgehäuse ist dem Versuchsdurchführenden nicht sichtbar in welcher Anzahl die Bohrungen verschlossen werden.

**Konstruktionsaufbau Radial**

Zwar ist das „axiale" Prinzip nah an den Vorstellungen, die später in einer Infusionspumpe realisiert werden sollen, jedoch kann, wie bereits erwähnt, der Versuchsdurchführender mit bloßem Auge nicht sehen, ob die einzelnen Bohrungen verschlossen
werden. Aus einem Flowverlauf könnte die Verschließung der Bohrung interpretiert
werden, tritt jedoch ein Fehler auf, so ist eine falsche Interpretation möglich. Bewegt
sich der Stift in axiale Richtung, so wird nicht nur der Bereich bis zum Stiftende, sondern darüber hinaus eine unbestimmbar größere Fläche der Glaskapillaren mit dem
Schlauch bedeckt. Daher ist dem Anwender unklar, welche Fläche bzw. wie viele
Bohrungen verschlossen werden. Bohrungen, die einen Abstand von 1 mm (siehe Kap.
3.1.2.1) haben, können aufgrund dessen nicht gezielt verschlossen werden. Denn nicht
nur die Bohrungen unter dem Stift, sondern auch weitere Bohrungen werden entweder
teilweise oder ganz verschlossen. Aufgrund dieser Problematik erfolgt eine Änderung
der „Konstruktionsaufbau Axial". Statt dem axial sich bewegenden Stift wird ein radial sich bewegender Stempel kreiert (siehe Abb. 3-3). Die untere Fläche des Stempels
ist nach innen ausgewölbt und passt sich dem Umfang der Probe bei einem Durchmesser von 4 mm an. Dieser Stempel wird über eine Stange an einen Kraftmessstand
(Kraftsensor FH 50 und Kurbelprüfstand TVL der Fa. Kern und Sohn GmbH, Balin-
gen) befestigt. Ein 56 mm-Schlauch wird der Länge nach in zwei Hälften geteilt. Die
eine Hälfte wird an die Ausholung an der Bodenplatte gelegt, damit eine gewisse Elastizität während der Belastung gegeben ist. Die andere Hälfte wird auf 12 mm verkürzt
und über die Bohrungen gelegt. Während der Versuchsdurchführung werden Bohrungen, die geöffnet bleiben, nicht mit diesem Schlauchstück bedeckt. Zu jedem Verschließen wird der 12 mm lange Schlauch auf die zu verschließenden Bohrungen neu
verlegt. Mit der Kurbel des Kraftmessstandes wird der Stempel nach unten und somit
in die radiale Richtung zur Pressung des Schlauchs an die Bohrung bewegt. Zwar
dehnt sich der Schlauch in axiale Richtung bzw. in Richtung der erst geöffneter Bohrung bei einer Belastung aus. Jedoch genügt ein Abstand von 1 mm zur nächsten Bohrung, damit diese Ausdehnung nicht die erst geöffnete Bohrung zudrückt. Mit der
senkrechten Bewegung des Stempels kann der Versuchsdurchführender die Bohrungen
einzeln verschließen.

In dieser Arbeit werden beide Konstruktionen genutzt, um zum einen den Flowverlauf
eindeutig zu charakterisieren und zum anderen die Machbarkeit bzw. Realisierbarkeit
einer Drossel als ein marktfähiges Bauteil in einer Infusionspumpe zu überprüfen. In
der Vorgehensweise wird zuerst der „Konstruktionsaufbau Radial" zur Bestimmung
des Flows in Abhängigkeit der Anzahl der geöffneten verwendet. Der zweite Iterati-

onsschritt erfolgt mit der „Konstruktionsaufbau Axial" um das Prinzip für die spätere Marktreife zu testen.

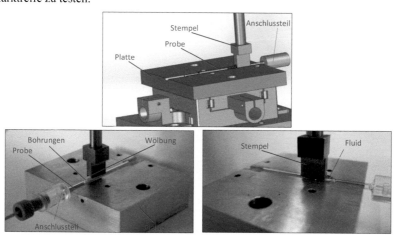

Abb. 3-3: Konstruktionsaufbau Radial

In der oberen Abbildung ist die CAD-Zeichnung und in den unteren Bildern der Drosselaufbau zu sehen. Die Bohrungen werden mit der Bewegung eines Stempels in senkrechter Richtung verschlossen.
Der Versuchsdurchführender hat einen guten Blick auf die Bohrungen und kann dadurch sehen, in
welcher Anzahl diese verschlossen werden. Aufgrund der senkrechten Bewegung werden hierfür viel
Bauraum benötigt, weshalb sich diese Variante nicht als ein Produkt realisieren lässt.

### 3.1.1 Permeabilitätsmessung und Vergleich der Messung mit der Simulation

**Permeabilitätsmessung**

Eine Permeabilitätsbestimmung ist vor der Messung des variablen Durchflusses, die
mit den bereits vorgestellten Drosselaufbauten realisiert werden, nötig um die allgemeine Durchflusseigenschaft des Materials zu kennen. Bei der Permeabilitätsmessung
werden, im Vergleich zu den späteren Messungen, potenziellen Fehler der Drosselaufbauten vermieden, indem auf die Bohrungen verzichtet wird, da bei der Fertigung der
Bohrungen Fehler erzeugt werden, die wiederum die Messungen beeinflussen. Durch
den Verzicht auf die Bohrungen gibt es keinen Materialabtrag an der Keramik und
somit keine entsprechenden Fehler.

Für die Bestimmung der Permeabilität werden zwei Proben ohne die Bohrungen, im
Folgenden Probe VZA und VZB (Vollzylinder A und B) genannt, genutzt. Diese werden direkt an den Messstand (siehe Kap. 3.3) angeschlossen. Die Maße der Proben

VZA und VZB wurden mit dem optischen Mikroskop gemessen und sind in Tab. 3-1 dokumentiert:

Tab. 3-1: Die Abmaße der Proben VZA und VZB

|  | VZA | VZB |
|---|---|---|
| $\Delta x$ bzw. $l$ in mm | 11,78 | 12,20 |
| $d$ in mm | 1,15 | 1,13 |
| $A$ in m$^2$ | $1,034 \cdot 10^{-6}$ | $1,003 \cdot 10^{-6}$ |

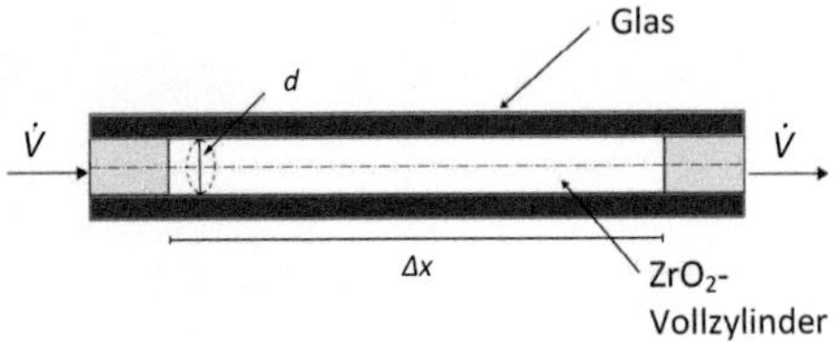

Abb. 3-4: Die Abmaße der Proben in der Vollzylinder-Variante

Aufgrund von Messfehlern wird die Linearität des Darcy-Gesetzes (2.3) genutzt, indem am Messstand verschiedene Drücke eingestellt und die jeweiligen Flowwerte abgelesen werden. Anschließend wird der Wert für die Permeabilität bestimmt und als Materialkonstante für die Vollzylinder-Variante festgelegt.

**Vergleich der Messungen mit der Simulation**
Eine Methode zur Überprüfung, ob Simulationen bzw. die Ergebnisse der Simulation für diese Drosselvariante geeignet sind, ist durch einen Vergleich zwischen der Permeabilitätsmessung und einer Simulation möglich. Für die Simulation wird ein einfaches Drosselmodell (ohne Bohrungen, vergl. Abb. 3-4) generiert. In den Einstellungen im Simulationstool wird die ermittelte Permeabilität als die Materialkonstante eingesetzt.

### 3.1.2  Simulationen in der Vollzylinder-Variante

#### 3.1.2.1  Modellierung und Simulation
Mit der ermittelten Permeabilität werden Simulationen zur Abschätzung des Flows für beide Drosselvarianten durchgeführt. Es gibt verschiedene Fertigungsverfahren zur Erzeugung der Bohrungen (Näheres dazu wird in Kap. 3.1.3 erläutert), daher werden für die Modellierung die Bohrungsdurchmesser von 0,5 mm und 1,0 mm vorgesehen. Zudem stellt sich die Frage, welche Bohrungsgeometrie (siehe Abb. 3-5), im Sinne von Abstand $a$ der ersten Bohrung zur Eintrittsseite des Fluids, Abstand $b$ zweier Bohrungen und Tiefe $t$ der Bohrung, ausgewählt werden soll. Durch Kombination der Ge-

ometrieparameter werden sechs Vollzylinder-Modelle (MVZ1 bis MVZ6) generiert, deren Abmaße in Tab. 3-2 zu finden sind.

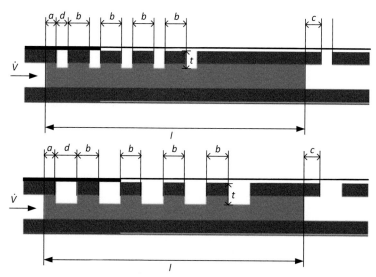

Abb. 3-5: Simulationsmodelle in der Vollzylinder-Variante

Die Modelle MVZ2 (oben) und MVZ5 (unten) unterscheiden sich in ihren Bohrungsgeometrien. An diesen Beispielen sind die ersten beiden Bohrungen zugedrückt (violett farbiges Objekt demonstriert den Schlauch)

Es ist vorherzusehen, dass der Abstand $a$ einen beträchtlichen Einfluss auf den maximalen Flow hat. Daher soll dieser so klein wie möglich gewählt werden, so dass ein hoher Flow realisiert werden kann. In der Fertigung aber ist es, aufgrund der Brechung im Glas, schwierig die Kante der Stirnseite eindeutig zu erkennen und die erste Bohrung zu platzieren. Daher ist mit einer hohen Abweichung zu rechnen. Wird der Abstand $a$ sehr klein gewählt, so ist die relative Abweichung hoch. Aus diesem Grund wird in dieser Arbeit ein Mindestwert von 0,5 mm gewählt. Die Bohrung muss nicht nur die Wandstärke der Glaskapillare mit 0,6 mm durchdringen, sondern tiefer eindringen, damit der komplette Durchmesser des Bohrers die gekrümmte Oberfläche überschreitet. Um dies zu gewährleisten wird eine Bohrungstiefe von mindestens 0,7 mm gewählt. Damit beträgt die Tiefe der Bohrung in der Keramik einen Wert von 0,1 mm, bzw. 0,2 mm bei einer Gesamttiefe von 0,8 mm. Die Abstände zweier Bohrungen werden mit 1,0 mm bevorzugt, damit die Bohrungen während des Schließvorgangs gut voneinander zu unterscheiden sind. Eine sechste Bohrung wird hinzugefügt. Dadurch können die aus den Bohrungen austretenden Flüssigkeiten wieder zurück in die Kapillare fließen. In Abb. 3-5 sind die Modelle MVZ2 (oben) und MVZ5 (unten) dargestellt. Wie in Kap. 2.2.1 bereits erwähnt, wird die Symmetrieeigenschaft genutzt und das Modell in Längsrichtung halbiert. Das Simulationsergebnis wird aufgrund dessen um den Faktor zwei multipliziert. Des Weiteren wird unter Verwendung der Restart-Option die Genauigkeit verfeinert (siehe Kap. 2.2.6), bis die Ergebnisse konvergieren und sich nicht um mehr als 10 nl/min unterscheiden.

Tab. 3-2:     Die Simulationsmodelle in der Vollzylinder-Variante und ihre Bohrungsgeometrien

| | Durchmesser $d$ in mm | Abstand $a$ in mm | Abstand $b$ in mm | Tiefe $t$ in mm |
|---|---|---|---|---|
| Probe MVZ1 | 0,5 | 0,5 | 1,0 | 1,0 |
| Probe MVZ2 | 0,5 | 0,5 | 1,0 | 0,8 |
| Probe MVZ3 | 0,5 | 1,0 | 1,0 | 0,8 |
| Probe MVZ4 | 0,5 | 0,5 | 1,0 | 0,7 |
| Probe MVZ5 | 1,0 | 0,5 | 1,0 | 1,0 |
| Probe MVZ6 | 1,0 | 0,5 | 1,0 | 0,8 |
| Länge $l$: 12,0 mm, Abstand $c$ der sechsten Bohrung: 1,0 mm | | | | |

### 3.1.2.2 Einflussgrößen der einzelnen Geometrieparameter auf den Durchfluss

Zur Charakterisierung der Drossel wird nun der Einfluss der einzelnen Parameter getrennt voneinander analysiert. Jeder Drossel- und Fluidparameter wird einzeln in einem Simulationsmodell um 10% verändert, so dass der Durchfluss erhöht wird (siehe Tab. 3-3). Anschließend folgt ein Vergleich der Simulationsergebnisse. Das Modell MVZ2 mit allen geöffneten Bohrungen wird als Referenz gewählt. In den Simulationen für die Modelle MVZ1 bis MVZ6 fließen die Einflüsse aller Parameter mit ein, wie z.B. die Bohrungsabstände oder die Bohrungstiefen. Mit der Untersuchung anhand von 3-D-Simulationen werden die einzelnen Einflüsse bestimmt.

Die Analyse der Einflussgrößen auf das Drosselsystem ist von Bedeutung, da zum einen Abmaße unter 1 mm vorliegen (wie z.B. der Abstand $a$ und Abmaße, die mehrere Millimeter betragen (wie z.B. die Keramiklänge $l$ mit 12 mm). Die Abweichungen der einzelnen Parameter treten in verschiedenen Größen auf. Unabhängig davon soll der Einfluss jedes einzelnen Parameters ermittelt werden.

Bei der Generierung der Simulationsmodelle muss darauf geachtet werden, dass eine 10%-ige Änderung der Geometriedaten unter Umständen wegen der begrenzten Auflösung nicht zu derselben Änderung im Simulationsmodell führen. Daher wurden die Geometrieänderungen der Auflösung angepasst (siehe Werte für die Änderung der Parameter $d_k$, $d_B$ und $t$ in Tab. 3-3). Bezüglich der Viskosität wurde eine Änderung der Temperatur von 10% berücksichtigt, die zu einer 11,1%-igen Viskositätsänderung führt.

Tab. 3-3:     Die Drossel- und Fluidparameter in der Vollzylinder-Variante und ihre Werte bei einer
              Änderung um 10%.

| Parameter | Nennmaß | 10%-ige Änderung | Auflösung im Simulationsmodell (30 µm Voxellänge) |
|---|---|---|---|
| Abstand $a$ in mm | 0,50 | 0,45 | |
| Bohrungsabstände $b$ in mm | 1,00 | 0,90 | |
| Bohrungsdurchmesser $d_B$ in mm | 0,50 | 0,55 | 0,56 (+12%) |
| Bohrungstiefe $t$ in der Keramik in mm | 0,21 | 0,23 | 0,24 (+14%) |
| Länge Keramik $l$ in mm | 12,0 | 13,20 | |
| Durchmesser Keramik $d_k$ in mm | 1,10 | 1,21 | 1,23 (+10,8%) |
| Permeabilität $\kappa$ in m$^2$ | $7,5 \cdot 10^{-17}$ | $8,25 \cdot 10^{-17}$ | |
| Druck $\Delta p$ in bar | 2,50 | 2,75 | |
| Viskosität $\mu$ in mPa·s | 0,934 | 0,8405 (+10% Temperaturänderung führt zu 11,1% Viskositätsänderung) | |

### 3.1.3  Fertigungsspezifische Lösungsmethode: Die vier Bohrungsvarianten

Bei der Fertigung der Bohrungen ist es wichtig, dass das Glas nicht zerbricht bzw. keine Risse erzeugt werden und die Porenstruktur am Bohrungsgrund nicht geändert wird. Außerdem sollen enge Toleranzen bezüglich der Abmaße bei der Platzierung der Bohrungen eingehalten werden. Da durch die Brechung des Glases die Lage der Keramik nicht eindeutig identifizieren lässt, sind enge Toleranzen bei der Platzierung der Bohrungen schwierig einzuhalten. Neben dem konventionellen Bohren werden drei weitere Fertigungsmethoden, nämlich das Diamantbohren, das Ultraschallbohren und das Laserbohren mit anschließendem Schleifen, näher in Betracht gezogen. Vorweggenommen wird hier die Entscheidung, die aus den Simulationsergebnissen resultiert, genannt und verwendet. Dies ist, dass das Modell MVZ2 für die Durchflussmessungen bevorzugt wird. Für den Diamantbohrer wird das Modell MVZ6 gewählt, da es einen Durchmesser von 1 mm besitzt. Die Fertigungsmethoden und die Zuordnung der Modelle lauten folgendermaßen:

| Methode | konventionell | Diamantbohrer | Ultraschallbohrer | Laserabtrag+ Schleifen |
|---|---|---|---|---|
| Bohrungsgeometrie | MVZ2 | MVZ6 | MVZ2 | MVZ2 |

**Methode Konventionelles Bohren:**

Die Fertigung mit den gewöhnlichen Bohrern wurde an der LessStressPremium®-Anlage (Fa. Interspeed GmbH) durchgeführt. Dies ist eine kleine und präzise, speziell für die Bearbeitung von Brillengläsern entwickelte Bohrmaschine mit einer Positioniergenauigkeit von 50 µm. Der Hersteller gibt an, dass die Bohrmaschine aus „getemperten Materialien und hochwertigen Kunststoffen" besteht und verspricht zudem spielfreie Führungen und Präzisionskugellager für vibrationsfreies Bohren [98]. Während des Bohrens werden die Proben an eine Flüssigkeitsquelle mit Aqua Ad. angeschlossenen und durchströmt. Damit kühlt man zum einen das Werkstück ab und zum anderen ist die aus der Bohrung austretende Flüssigkeit ein Widerstand für ausscheidende Partikel, die in die Poren gelangen könnten.

**Methode Diamantbohrer:**

Auch für den Abtrag mit einem Diamantenbohrer wird die LessStressPremium®-Maschine eingesetzt. Der Diamantbohrer ist ab einem Durchmesser von 1 mm verfügbar, weshalb die Geometrien gemäß MVZ6 ausgewählt werden und sich damit von den übrigen drei Methoden unterscheidet. Auch hier werden die Proben mit einer Flüssigkeit während des Bohrens durchströmt.

**Methode Ultraschallbohrer:**

Die Ultraschallbohrungen werden bei der Fa. RS Ultraschalltechnik (Blankenhain) realisiert. In diesem Verfahren wird die Energie (Schallwellen) des Werkzeugs über eine Schleifmittelsuspension an das Werkstück übertragen. Da der Abtrag über die Ultraschallwellen erfolgt, wirken geringe Druckkräfte des Bohrers auf das Werkstück [99]. Somit ist der Abtrag am Bohrloch schädigungsarm.

**Methode Laserbohren-Schleifen:**

In dieser Methode erfolgt zuerst ein Materialabtrag mithilfe des Excimer-Lasers am Institut für Biomedizinische Optik der Universität zu Lübeck und anschließend ein Schleifprozess zur Beseitigung der durch den Laser erzeugten Schlacke. Nach dem Lasern verschmelzen sich die Poren bzw. das geschmolzene Glas lagert sich am Bohrungsgrund ab (siehe die unteren REM-Bilder in Abb. 3-6). Dieser unkontrollierte Effekt ist ein Hindernis für den Durchfluss. Nachdem die ersten Proben mit dem Laser bearbeitet wurden, haben sie Bohrungen mit einer konischen Form aufgewiesen. Eine Optimierung der Laserparameter hat zu einem homogenen Strahl und somit zu einer

zylindrischen Form des Abtrags geführt. Die Verschmelzung jedoch konnte nicht vermieden werden. Es wurden verschiedene Versuche unternommen, um die Verschmelzung zu vermeiden, wie z.b. die Keramik im nassen Zustand zu lasern. Die obere
REM-Aufnahme aus Abb. 3-6 zeigt einen Vergleich zwischen einer trocken und nass
gelaserten Stelle an der Keramik. Auch wenn durch die Feuchte die Verschmelzung
gemindert wird, ist eine völlige Vermeidung nicht möglich. Messungen ohne das
Wegschleifen der Verschmelzung haben gezeigt, dass der Flowwerte nur einen Drittel
des zu erwartenden Wertes aus der Simulationen beträgt. Als Schleifstift wurde ein mit
Diamant-Bornitrid-Körnern beschichtetes Werkstück (D-HS-100/5D30) der Fa. Heson
Diamant gewählt. Der Feinbohrschleifer FBS 240/E der Fa. Proxxon wird durch eine
eigene Konstruktion (siehe Abb. 3-7) befestigt und darunter wird die Probe auf einem
XYZ-Positioniersystem M-562 der Fa. Newport (USA) gelegt. An diesem
Positioniertisch wird während des Bohrens die Probe nach oben bewegt.

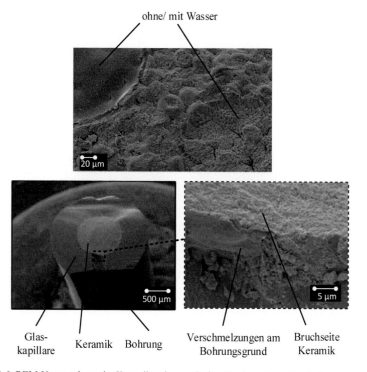

Abb. 3-6: REM-Untersuchung der Keramikproben nach einer Excimer-Laser Bearbeitung

Im oberen Abbild ist ein Vergleich zwischen einer trocken und nass gelaserten Stelle zu sehen. Die
unteren Abbildungen zeigen eine Bohrung mittels den Excimer-Laser.

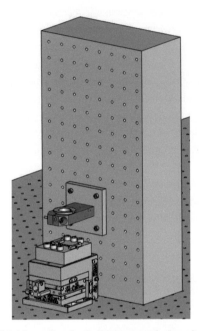
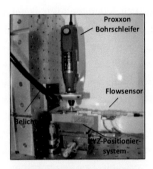
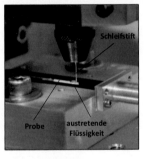

Abb. 3-7: Messaufbau für die Fertigungsmethoden mit einem konventionellem Bohrer und Diamant-
      bohrer
Die Probe befindet sich unter dem senkrecht befestigten Feinbohrschleifer. Durch die Bewegung nach
oben mithilfe eines xyz-Tisches werden die Bohrungen gefertigt.

Zur Analyse dieser vier Methoden werden REM-Aufnahmen vom Bohrungsgrund erstellt. Dabei wird überprüft, ob bzw. wie sich die Porenstruktur mit den bearbeiteten
Methoden verändert.

Hierfür müssen die Proben für einen Reinigungsprozess in einen Ultraschallbad gelegt
werden. Damit werden die Partikel, die während des Abtrags an der Bohrung haften,
entfernt. Im nächsten Schritt werden die Proben an einer Bohrungsstelle zerbrochen
und die Stirnseite entlang des Bruches mit dem REM aufgenommen. Es muss ein
Bruch an der entsprechenden Stelle erfolgen, denn ohne diesen sind keine Informationen aus dem Bohrungsgrund mit dem Mikroskop erfassbar. Die Aufnahmen mit dem
Mikroskop werden mit einer Vergrößerung um das 33-, 1 200-, 5 000- und
10 000-fache erstellt. Da die REM-Untersuchungen extern am Institut für Anatomie
(Universität zu Lübeck) durchgeführt werden, ist die zeitliche Nutzung der Anlage be-
grenzt. Deshalb wird von jeder Bearbeitungsmethode jeweils nur eine Probe willkür-
lich ausgewählt. Die Porenstruktur am Bohrungsgrund wird mit der Porenstruktur eines unbehandelten Bereichs der Keramik verglichen. In Abb. 3-8 ist eine Aufnahme

einer unbehandelten Stelle zu sehen. Wichtig ist nicht nur die Oberflächenveränderung entlang der Bohrung, sondern auch die Geometrie und dessen Abweichung von den erwünschten Werten. Daher werden neben den REM-Aufnahmen auch die Abmaße der Bohrungen am optischen Mikroskop (Keyence VHX-600) gemessen und bei der Bewertung der Verfahren berücksichtigt. Im Anhang VI sind die Abmaße der Proben tabellarisch dargestellt.

Abb. 3-8: REM-Aufnahme der Vollzylinder-Probe

Die Sinterkörner und die Porenstruktur der unbehandelten Stelle sind anhand dieser Abbildung gut zu erkennen. Dies wird als Vergleichsreferenz für die behandelten Proben verwendet.

## 3.1.4 Durchflussmessungen

### 3.1.4.1 Durchflussmessung mit einer Stiftbewegung in radialer Richtung
Vorweggenommen wird das Ergebnis der Untersuchung nach einem geeigneten Fertigungsverfahren für die Bohrung erwähnt. In dem Versuch hat sich gezeigt, dass die Bearbeitungsmethode „Ultraschallbohren" einen sehr offenporigen und homogenen Bohrungsgrund aufweist und daher für weitere Untersuchungen in Betracht kommt. Im Weiteren soll der Flowverlauf der Vollzylinder-Varianten mit dieser Abtragsmethode untersucht werden. Anhand von fünf Proben (US10, US20, US30, US40, US50) sollen die Flowmessungen durchgeführt und dabei die Reproduzierbarkeit überprüft werden. Es soll die Frage beantwortet werden, ob sich derselbe Durchfluss nach mehrerem Öffnen und Schließen der Bohrungen wieder einstellt. Dies soll anhand von zehn Zyklen untersucht werden. Zu beachten ist die hohe Sprödigkeit der Glasprobe, die bei kleinen Ungeschicklichkeiten, wie z.B. beim Schließen der Bohrungen, zerbrechen kann.

**Vorbereitung der Proben**

Nach dem Ultraschallbohren werden die Proben in einem Ultraschallbad (Emmi 20HC, Fa. Emag AG, Mörfelden-Walldorf) gereinigt. Damit werden zum einen Verunreinigungen, die während des Bohrens entstehen, und zum anderen Luftblasen aus den Porenräumen entfernt. Dies erfolgt indem die poröse Keramik und die Glaskapillare mit Flüssigkeit (Aqua Ad.) getränkt bzw. gefüllt und anschließend in vertikaler Richtung in einen mit Aqua Ad. gefüllten Glasbecher gelegt werden. Die Temperatur des Ultraschallbads wird auf 80°C eingestellt. Durch die Vibration und die Wärme werden die Luftblasen aus den Poren gelöst und bewegen sich in Richtung Oberfläche des mit Aqua Ad. gefüllten Glasbehälters. Jedoch ist die Auftriebskraft nicht hoch genug, so dass sich die Luftbläschen zu einer größeren Blase in der Glaskapillare versammeln (siehe Abb. 3-9 links). Mit einer Spritze wird wieder Aqua Ad. in die Kapillare mit hoher Geschwindigkeit eingeführt und dadurch die Luftblase aus der Glaskapillaren gedrückt, so dass sich die Luftblasen an die Wasseroberfläche bewegen können. Um sicher zu gehen, dass sich auch alle Luftblasen lösen, wird die Probe erneut bei 80°C im Ultraschallbad behandelt. Nach dem Ultraschallbad wird die Probe an den Messstand (nähere Informationen über den Messstand ist in Kap. 3.3 zu finden) angeschlossen. Die Proben US10 bis US50 werden mit dem „Konstruktionsaufbau Radial" gemessen. Gleich nach dem Anschluss an den Messstand tritt Flüssigkeit aus den Bohrungen aus und verteilt sich zwischen dem Schlauch und der Glasoberfläche. Beim späteren Zudrücken bzw. Pressen des Schlauchs an die Bohrung lässt sich diese Flüssigkeit nur mit einer gewissen Kraft „wegdrücken". Ist die Kraft gering, so bilden sich kleine Kanäle zwischen dem Schlauch und der Glasoberfläche, die von einer Bohrung bis zum Probenende führen und eine unerwünschte Bypass-Strömung bei der Messung zur Folge haben. Daher ist eine Kraft von 15 N für die Pressung nötig. Höhere Kräfte führen zum Bruch der Glaskapillaren.

Da auch nach der Behandlung im Ultraschallbad bei hohen Temperaturen sich nicht alle Luftblasen aus dem Porensystem gelöst haben können, empfiehlt es sich noch vor der Durchflussmessung alle Bohrungen zuzudrücken und die Vollzylinderkeramik durchfließen zu lassen. Somit werden die restlichen Luftblasen heraus gespült. Um diesen Spülvorgang der Luft zu verdeutlichen, ist in Abb. 3-9 rechts eine Probe zu sehen, die nicht vor dem Anschluss an den Messstand im Ultraschallbad behandelt wurde. Durch die Strömung lässt sich die Luft herausbewegen, die sich hinter dem Keramikende sammelt und weiter in der Glaskapillare bewegt wird. Die Luftblasen in den Poren beeinflussen den Durchfluss, weshalb die Keramik für mindestens 30 Minuten durchströmt werden muss.

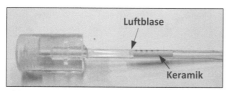 

Abb. 3-9: Die Luftblasen aus den Poren

Links: Vor der Messung werden die Proben in einem Ultraschallbad bei 80°C behandelt. Dadurch lösen sich die Luftblasen aus den Poren.
Rechts: Ohne die Behandlung im Ultraschallbad lösen sich die Luftblasen erst während der Messung.

**Bestimmung der Geometrien anhand von µ-CT-Aufnahmen und die Erstellung von Simulationsmodellen**

Für die Durchflussmessungen sind die Geometrien und die Herstelltoleranzen von großer Bedeutung. Da aufgrund der Brechung des Glases sich die Lage der Eintrittsseite (Stirnseite) nicht genau bestimmen lässt und daher nicht von engen Toleranzen bei der Platzierung der Bohrungen auszugehen ist, sollen die Geometriedaten anhand von µ-CT-Aufnahmen am Institut für Medizintechnik (Universität zu Lübeck) ermittelt werden. Ein optisches Mikroskop (Keyence VH-X600) oder ein Konfokal mikroskop (Keyence VK-9710) liefert wegen der Tiefenschärfe und der Brechung des Glases keine genauen Geometriedaten der Probe bzw. der Bohrungen. Anhand der CT-Daten werden Modelle für jede der fünf Proben US10 bis US50 generiert. Im Unterschied zu MVZ2 (Abstand $a$= 0,5 mm, $b$= 1,0 mm, $t$= 0,8 mm) aus Kap. 3.1.2.1, das mit den Nennmaßen modelliert wurde, werden die Abweichungen in den neuen Modellen berücksichtigt. Mit den simulierten Werten erfolgt ein Vergleich zu den Messungen. In Abb. 3-10 ist ein µ-CT-Bild des Querschnittes der Probe US50 mit dem dazugehörigen Simulationsmodell zu sehen. Die Anpassung der Form der Keramik an das Simulationsmodell ist beispielsweise anhand des schrägen Verlaufs der Stirnseite im Eintrittsbereich (unterer Bereich in den Abbildungen) zu sehen. Die Keramik hat die Länge 13,16 mm statt dem Nennmaß von 12 mm, weshalb im Zustand mit allen verschlossen Bohrungen ein niedrigerer Flow im Vergleich zu MVZ2 zu erwarten ist. Der Abstand $a$ beträgt 541 µm (statt dem Nennmaß von 500 µm) und daher wird im Zustand mit allen geöffneten Bohrungen ein niedrigerer Flow sowohl in den Simulationen als auch in den Messungen erwartet. Die CT-Aufnahmen der übrigen Proben sind im Anhang VII zu finden.

Abb. 3-10: μ-CT-Aufnahme und das Simulationsmodell der Probe US50

Mit den Informationen aus den CT-Bild (links) werden Simulationsmodelle (rechts) generiert. Da
wird die Herstellabweichung berücksichtigt.

### *3.1.4.2 Durchflussmessung mit einer Stiftbewegung in axialer Richtung*

Nachdem mit der „Konstruktion Radial" der Flowverlauf der Proben ermittelt wurde,
wird nun die „Konstruktion Axial" für weitere Flowmessungen verwendet. Denn mit
der Bewegungsart in axialer Richtung wird die Realisierbarkeit eines marktfähigen
Produktes überprüft. Da zu Beginn nicht eindeutig ist, welche Bohrungen bei welcher
Stiftposition verschlossen sind, werden zwei Messiterationen durchgeführt. In der ersten Iteration wird der Stift schrittweise um 0,1 mm bewegt und anschließend fünf Minuten geruht, damit sich die entstehenden (Flow-) Schwingungen im System einpendeln. Durch die schrittweise Bewegung kann nach der Messung die Stiftpositionen abgelesen werden, die zur Schließung bzw. Öffnung der Bohrungen geführt haben. Der
Stift bedeckt zu Beginn alle Bohrungen und wird so in Bewegung gesetzt, dass die
letzte Bohrung zur Eintrittsseite zuerst geöffnet wird. Nach insgesamt 10 mm wird der
Stift wieder zurück gefahren. Mit den ermittelten Stiftpositionen, die zur Schließung
der Bohrungen führen, werden im zweiten Iterationsschritt diese Stellungen direkt angefahren. Zur Überprüfung der Reproduzierbarkeit erfolgen hier 100 Messzyklen.

Die Messungen mit axialer Stiftbewegung werden mit der Probe US50 durchgeführt, da die übrigen Proben während des Versuchsaufbaus bzw. während des Versuchs zerbrochen sind. Kleine Querkräfte, die z.b. beim Überziehen des Schlauches entstanden sind, haben für den Bruch des sehr spröden Materials genügt. Ein weiterer Beispielfall, bei dem ein Bruch geschehen ist, entstand als sich eine der Proben während der Messung mit dem Stift zusammen bewegt hat. Dabei wurde die Glaskapillare unbestimmt belastet und ist zerbrochen. Aus diesem Grund wird der „Anschlussteil" (siehe Kap. 3.1) an das Drosselgehäuse mit Heißkleber befestigt und dadurch die Bewegung in axialer Richtung vermieden.

### 3.1.5 Simulierung von Worst-Case Szenarien: Vollzylinder

Anhand der CT-Daten wurde festgestellt, dass sich die Geometrieabweichungen der Proben stark von den Nennmaßen unterscheiden (Näheres ist in Kap. 4.1.4 zu finden). Besonders auffällig sind die unpräzisen Platzierungen der Bohrungen. Zwei Worst-Case-Szenarien betrachten alle Abweichungen, die einerseits zu einem höheren Flow und andererseits zu einem niedrigeren Flow führen. Für beiden Fälle wird je ein Modell erstellt und anschließend die Durchflüsse simuliert. Die maximalen Abweichungen zu den Nennmaßen (MVZ2) sind in Tab. 3-4 aufgeführt. Neben den Geometriewerten werden auch die Eigenschaften des Fluids für beide Fälle berücksichtigt.

Tab. 3-4: Abweichungen in der Vollzylinder-Variante
In zwei Simulationsmodellen werden die maximalen Geometrietoleranzen und Parameter, die das Messsystem beeinflussen, berücksichtigt, so dass der mögliche maximale bzw. minimale Durchfluss simuliert wird.

| | | MVZ2 | | Min | | Max |
|---|---|---|---|---|---|---|
| Durchmesser $d$ Keramik in mm | | 1,10 | | 1,02 | | 1,17 |
| Länge $l$ Keramik in mm | | 12,00 | | 12,50 | | 11,50 |
| Bohrung | Durchmesser $d_B$ in mm | 0,50 | | 0,44 | | 0,56 |
| | Abstand $a$ in mm | 0,50 | | 0,96 | | 0,30 |
| | Abstände $b$ in mm | 1,00 | | 1,11 | | 0,87 |
| | Tiefe $t$ in mm | 0,20 | | 0,12 | | 0,39 |
| Permeabilität $\kappa$ in m$^2$ | | $7{,}5\cdot10^{-17}$ | | $7{,}3\cdot10^{-17}$ | | $7{,}7\cdot10^{-17}$ |
| Druck $p$ in bar | | 2,5 | | 2,45 | | 2,55 |
| Temperatur in °C | Viskosität $\mu$ in mPa·s | 23 | 0,934 | 20 | 1,00 | 26 | 0,854 |
| | Fluiddichte in kg/m$^3$ | | 997,34 | | 998,23 | | 996,14 |

## 3.2 Drosselvariante Röhrchen

Für die Röhrchen-Variante ist eine Drosselkonstruktion entworfen worden, die durch eine Miniaturisierung zur Marktreife weiterentwickelt werden kann. An die 20 mm lange Mantelfläche der Keramik wird der UV-härtende Klebstoff Loctite 5248, der eine Viskosität[14] von 65 Pa· s besitzt, über eine Länge von 18 mm aufgetragen, so dass an einem Ende eine freie Fläche der Länge von 2 mm für den Fluidaustritt übrig bleibt (siehe Abb. 3-11). Die Keramik hat einen Außendurchmesser von 3,85 mm und einen Innendurchmesser von 2,75 mm. Nachdem der hochviskose Klebstoff aufgetragen wurde, wird die Probe in dem Gehäuse mit einem Zweikomponentenkleber (Epoxidharz 4305 und Härter 1209 der Fa. DD Composite GmbH, Bad Liebenwerda) befestigt. Im Vergleich zum hochviskosen Klebstoff ist der Zweikomponentenkleber nach dem Härten nicht elastisch und sorgt somit für eine gute Befestigung der Keramik am Drosselgehäuse. Trägt man den niedrig viskosen Zweikomponentenkleber an die Keramik auf, so dringt der Klebstoff unkontrolliert in die Poren ein (nähere Erläuterungen ist in Kap. 3.2.3 zu finden).

Eine Polymerdichtung (siehe Abb. 3-11 rechts unten), die speziell für diese Variante konstruiert wurde, wird bei der Montage in das Röhrchen eingeführt, bis der „Teller", also ihr breites Ende, an das eine Ende der Keramik anschlägt. Die Polymerdichtung hat eine zylindrische Form und ist 26 mm lang. Auch sie besitzt einen Hohlraum und der Außen- und Innendurchmesser betragen 2,65 mm bzw. 1,50 mm. Damit ist der Außendurchmesser der Polymerdichtung um 0,1 mm kleiner als der Innendurchmesser der Keramik. Der „Teller" hat einen Durchmesser von 12,5 mm und eine Dicke von 1 mm. An der anderen Seite wird die Polymerdichtung durch ein „T-Stück" an dem Gehäuse befestigt. Das Gehäuse wird durch die zwei Deckel, wovon einer der beiden eine durchgängige Bohrung für den Stift besitzt, verschlossen. Die Drossel wird an eine Nemesys-Spritzenpumpe angeschlossen. Ein 1,85 mm dicker Stift, mit abgerundeter Spitze für ein besseres Gleiten in der Polymerdichtung, wird an die Halterung der Nemesys befestigt und zentrisch zum Drosselkörper positioniert. Bei einer Ansteuerung durch die Nemesys kann sich der Stift im Hohlraum der Polymerdichtung bewegen und den Spalt schließen. Das Funktionsprinzip zur Veränderung des Durchflusses wurde bereits in Kap. 1.5.2 erläutert.

Die Röhrchen werden am „Fraunhofer Institut für keramische Technologien und System" (IKTS) am Standort Hermsdorf gefertigt. Ursprünglich sind diese Keramikröhrchen mit einer durchschnittlichen Porengröße von 0,8 mm für die Filterung von Ethanol in der Umwelttechnik entwickelt worden.

---

[14]    Gewöhnliche Zweikomponentenklebstoffe besitzen eine Viskosität von 1 Pa· s.

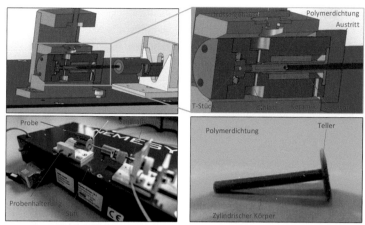

Abb. 3-11: Konstruktions- und Messaufbau in der Röhrchen-Variante

In den oberen Abbildungen sind die CAD-Zeichnungen der Konstruktion dargestellt. Die Abbildung links unten zeigt die Drossel an einer Nemesys-Spritzenpumpe. Ein Bild der Polymerdichtung ist rechts unten zu sehen.

Für die Anwendung in dieser Arbeit wird die Porengeometrie dem geforderten Durchfluss angepasst, in dem sie verkleinert wird. Hierfür werden die Röhrchen R1 bis R6 entwickelt, deren Porengröße in Tab. 3-5 vorgestellt wird. Für die Erzeugung von kleineren Porengrößen werden feinere Sinterkörner gewählt. Einige der Röhrchen werden in eine Lösung mit 3-nm-$ZrO_2$-Partikeln getränkt und anschließend gebrannt, so dass am Ende die $ZrO_2$-Partikeln an den Porenrändern anhaften. Bei Röhrchen R6 erfolgt eine doppelte Infiltration. Die Infiltration ist eine einfache Methode für die Erzeugung eines höheren Flowwiderstands. Alternativ zu der Infiltration kann die Porengröße durch feinere Sinterkörner für einen hohen Flowwiderstand verkleinert werden. Jedoch führt dies zu einer neuen Versatzentwicklung, wodurch ein hoher Aufwand aufgrund der Entwicklung mit den neuen Ausgangsstoffen unter zu Beginn unbekannten Sinterbedingungen (Sinterzeit und –temperatur) entstehen. In Abb. 3-12 sind Rasterelektronenmikroskop-Aufnahmen der Röhrchen R1, R3 und R5 zu finden, in der die Poren zu sehen sind. Die infiltrierten 3-nm-$ZrO_2$-Partikel sind zu klein, um am REM aufgelöst zu werden und daher nicht sichtbar. Aus diesem Grund sieht die Porenstruktur des Röhrchen R1 und R2 identisch aus, da sie aus demselben Trägermaterial bestehen und R2 sich nur durch die 3-nm-Partikel unterscheidet. Dies gilt auch für die Proben R4, R5 und R6[15]. Aus den Aufnahmen ist zu entnehmen, dass Röhrchen R1 aus

---

[15]  Aufgrund dessen wird hier auf die Vorstellung der REM-Aufnahme des R2, R4 und R6 verzichtet.

zwei verschiedenen Sinterkörnen mit unterschiedlichen Größen besteht. Auch Röhr-chen R3 besteht aus zwei verschiedenen Sinterkörnern, wobei hier die Korngrößen bzw. die Zusammensetzung von R1 sich unterscheiden. Das Trägermaterial der Röhr-chen R4, R5 und R6 besteht aus nur einer Korngröße. Detaillierte Informationen über die Eigenschaften und Herstellung, wie z.b. über die Sinterkörner (Größe, Massean-zahl), Bindemittel und den Sinterbedingungen, wurde vom Hersteller aufgrund der Geheimhaltung nicht herausgegeben.

Tab. 3-5: Al$_2$O$_3$-Röhrchen und ihre Porengrößen
Vier der Röhrchen wurden mit 3-nm-ZrO$_2$-Partikeln für einen höheren Flow-Widerstand infiltriert.

| Probe | Durchschnittliche Porengröße in µm | Infiltration mit 3-nm-Partikel |
|---|---|---|
| Probe R1 | 0,41 | ✗ |
| Probe R2 | 0,41 | ✓ |
| Probe R3 | 0,21 | ✓ |
| Probe R4 | 0,11 | ✗ |
| Probe R5 | 0,11 | ✓ |
| Probe R6 | 0,11 | ✓ (2x) |

Die Porengrößen wurden vom Hersteller mit der Quecksilberporosimetrie ermittelt. Die Ergebnisse der Quecksilberporosimetrie für die Probe R1, R3 und R4 sind im An-hang VIII zu finden.

Abb. 3-12: REM-Aufnahmen der Röhrchen R1 (links), R3 (Mitte) und R5 (rechts)
Die Poren und die Sinterkörner sind in diesen REM-Aufnahmen zu erkennen.

### 3.2.1 Permeabilitätsmessung und Vergleich der Messung mit der Simulation

Auch bei der Permeabilitätsmessung des $Al_2O_3$-Röhrchens werden die Proben auf eine einfache Weise vorbereitet, um eine fehlerarme Messung zu ermöglichen. Daher wird, im Vergleich zu der Drosselkonstruktion aus Abb. 3-11, auf die Silikondichtung und die Beklebung der Mantelfläche verzichtet. Da die Polymerdichtung entfällt und keine Abdichtung der Innenfläche erfolgt, ist kein Bedarf für den Stift da. Es werden lediglich zwei Verschlusskappen an beide Stirnseiten geklebt (siehe Abb. 3-13). Die Verschlusskappen besitzen eine Zentrierung und sind aus PEEK gefertigt (siehe Abb. 3-14). Eine davon ist mit einer zusätzlichen Durchgangsbohrung versehen. Für die Bestimmung der Permeabilität strömt die Flüssigkeit von innen nach außen. Dabei sind die Geometriewerte (z.B. Länge, Wandstärke) bekannt und mithilfe der Darcy-Gleichung (2.3) kann die Permeabilität berechnet werden. Der Klebstoff deckt einen kleinen Bereich der äußeren Mantelfläche ab, wodurch der Austrittsbereich verkleinert wird und bei der Bestimmung dieser Austrittsfläche ein Messfehler entstehen kann. Dennoch ist durch den Verzicht auf die Polymerdichtung und eine großflächige Beklebung der Mantelfläche das Fehlerpotential verringert worden.

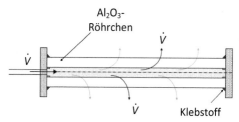

Abb. 3-13: Permeabilitätsmessung der Röhrchen

Die Fehler in der Drosselvariante mit dem Röhrchen werden minimiert, indem auf die Beklebung der Mantelfläche und die Polymerdichtung verzichtet wird. Mithilfe von Verschlusskappen wird die Strömung von der Innenseite des Röhrchens nach außen für die Permeabilitätsmessung geleitet.

In die Bohrung der einen Verschlusskappen wird ein Schlauch als Einlass eingeführt und beklebt. Am Zentrierelement der Verschlusskappe ist eine Rille angebracht (siehe Abb. 3-14 links), damit der Klebstoff bis maximal an diese Stelle fließen bzw. überschüssiger Klebstoff sich in der Rille versammeln kann und sich nicht durch die Kapillarkräfte an der Innenfläche unkontrolliert verteilt. Zudem ist der Klebstoff mit Methylenblau verfärbt, damit die freie Fläche und der Klebebereich bei der späteren Geometrieabmessung voneinander unterschieden werden können. Wegen des Zentrierelements wird der Strömungsbereich um einen Millimeter verkürzt. Die vorbereiteten Röhrchen werden an den Messstand aus Kap. 3.3 angeschlossen. In einem Vorversuch hat sich gezeigt, dass die Röhrchen R1 und R2 einen höheren Durchfluss als die Flowbereiche der Sensoren haben, weshalb der Sensor LG16-0150 für diese Proben durch einen weiteren Flowsensor der Fa. Sensirion AG (LG16-1000) mit einem noch höheren Flowbereich ausgetauscht wird. Der LG16-1000 hat einen Messbereich für Durchflüsse bis zu 1 000 µl/min.

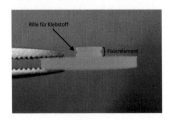 

Abb. 3-14: Die Verschlusskappe für die Versuchsvorbereitung der Permeabilitätsmessung

Links: An der Fixierung der Verschlusskappe sind Rillen gefertigt, damit sich der Klebstoff aufgrund der Kapillarkräfte nicht weiter als die Rille bewegt.

Rechts: Der Klebstoff wird mit Methylenblau verfärbt, so dass er nach dem Kleben von der weißen Keramik unterschieden werden kann.

Bevor sie an den Messstand angebunden werden, werden die Röhrchen in einem Ultraschallbad zur Entlüftung der Poren behandelt. Hierfür werden die Proben in einen Behälter mit Aqua Ad gelegt und anschließend die Luft im Hohlraum entfernt, indem eine Spritze mit einer 120 mm langen Spritzenkanüle (21Gx4/5 0,8 x 120 mm, Fa. B. Braun) in den Hohlraum eingeführt und durch die Zugabe von Flüssigkeit die Luft herausgedrückt wird. Die Behandlung im Ultraschallbad erfolgt drei Stunden lang bei 80°C.

**Vergleich der Messungen mit der Simulation**

Auch in der Röhrchen-Variante werden die Permeabilitätsmessungen anhand von Simulationen verifiziert und dabei überprüft, wie nah die Simulationsergebnisse an den Messwerten liegen. Für diesen Vergleich wird die Probe R5 ausgewählt und anhand des ermittelten Wertes für die Permeabilität werden Simulationen durchgeführt. Das Simulationsmodell entspricht den Gegebenheiten der Probe aus den Permeabilitätsmessungen. Modelliert wird daher ein Röhrchen mit der freien Innenfläche und Außenfläche (ohne der Polymerdichtung) und die Verschlusskappen an den beiden Enden (siehe Abb. 3-15). Aufgrund der Symmetrie kann ein Viertel des Röhrchens simuliert werden, wobei hinterher der Durchfluss um den Faktor vier multipliziert werden muss.

Um zu überprüfen welche Auflösungen für diese Drosselvariante geeignet sind, werden die Auflösungen von 30, 25, 20 und 15 µm miteinander verglichen.

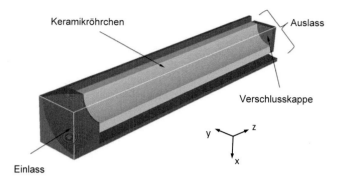

Abb. 3-15: Simulationsmodell der Proben für die Permeabilitätsmessung

Das Simulationsmodell entspricht dem Probenvorbereitung aus Abb. 3-13.

## 3.2.2 Simulationen in der Röhrchen-Variante

### 3.2.2.1 Modellierung und Simulation

Wie auch in der Vollzylinder-Variante werden Simulationen mit dem Drosselmodell zur Abschätzung des Flowverlaufs der Röhrchen durchgeführt. Aus zeitlichen Gründen werden mit den Simulationen nur die infiltrierten Röhrchen R2, R3, R5 und R6 untersucht. Anhand der simulierten Werte wird überprüft ob die Flowverläufe die geforderten Bereiche von 70 bis 1400 nl/min (Pumpenvariante 1, siehe Kap. 1.4) bzw. 70 bis 2800 nl/min (Pumpenvariante 2) erzielt werden. Auch hier wird nur ein Viertel des Drosselsystems modelliert und das Ergebnis mit vier multipliziert. In Abb. 3-16 ist ein Schnittbild (oben) und eine 3-D-Graphik (unten) des Röhrchenmodells abgebildet. Wie im realen Modell wird eine Klebeschicht (grün) der Länge 18 mm über der Mantelfläche der Drossel generiert. Somit bleibt die 2 mm lange Austrittsfläche frei vom Klebstoff. Ein Spalt von 0,1 mm befindet sich zwischen der Polymerdichtung (dunkelgrau) und der Keramik (hellgrau) bis zu den Punkt an dem der Stift (blau) durch eine Pressung diesen Spalt schließt. Dieser Bereich wird zur Verdeutlichung mit der Farbe Gelb dargestellt, obwohl es Teil der Polymerdichtung ist. Die blauen Pfeile zeigen den von links anströmenden Flow. Der Eingangsbereich ist abgerundet, durch den die Flüssigkeit in den Spalt geführt wird. Ab der Spitze des Stiftes (Stiftposition) strömt das Fluid durch die permeable Keramik bis sie an der Austrittsfläche heraus fließt. In den Simulationen werden die Durchflüsse an den Stiftpositionen bei 2, 10 und 18 mm

berechnet. Da die Proben R5 und R6 für die spätere Anwendung favorisiert[16] sind,
werden zusätzlich noch die Stiftpositionen bei 4 mm in der Simulationen berücksichtigt. In den Einstellungen wird der Keramik, die als das hellgraue Objekt dargestellt
ist, die ermittelte Permeabilität aus dem letzten Abschnitt zugeordnet. Alle anderen
Objekte werden als solide Materialien deklariert. Auch hier wird die Restart-Option
aus Kap. 2.2.7 verwendet, bis die Ergebnisse sich nicht mehr als 10 nl/min unterscheiden.

In der Masterarbeit von Verena Schmitz wurden weitere Röhrchenmodelle analysiert,
in der die Länge der Austrittsfläche mit 1 mm, 2 mm und 4 mm variiert wurde. Da die
Ergebnisse umfangreich sind, wird an dieser Stelle auf die Masterarbeit verwiesen
[73].

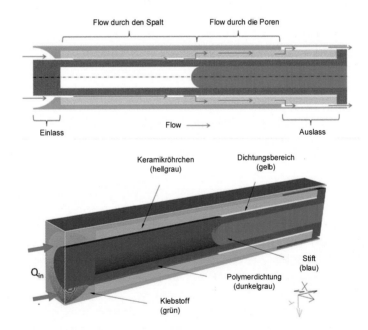

Abb. 3-16: Simulationsmodell in der Röhrchen-Variante

Oben: 2-D-Modell der Drossel bei einer Stiftposition mit 10 mm Eindringtiefe in der Keramik
Unten: Dasselbe Modell in einer 3D-Darstellung

---

[16]  Da die Proben R5 und R6 die kleinsten Poren besitzen und zudem infiltriert sind, haben sie einen
      hohen Flowwiderstand. Dieser ist nötig, damit der geforderte Minimalflow von 70 nl/min erreicht
      wird. Daher werden diese Proben schon im vornherein gesondert betrachtet.

### 3.2.2.2 Einfluss der einzelnen Geometrieparameter auf den Durchfluss

Auch in der Röhrchen-Variante werden die einzelnen System-Parameter durch Simulationen getrennt voneinander betrachtet, indem sie einzeln um 10% für einen höheren Flow verändert werden. Die Gründe sind dieselben wie bei der Untersuchung in der Vollzylinder-Variante (siehe Kap. 3.1.2.2). Als ein Referenzmodell wird die Probe R6 bei einer Stiftposition von 4 mm gewählt. Denn an dieser Stiftposition ist die Weglänge $\Delta x$ durch die Poren klein und kleine Änderungen führen gemäß der Darcy-Gleichung $\dot{V} \sim 1/x$ zu hohen Flowänderungen („Bereich I" aus Abb. 3-1, S. 47).

Eine 10%-ige Änderung in den Einstellungen führt aufgrund der Auflösung, wie bereits aus der Untersuchung in der Vollzylinder-Variante bekannt, nicht unbedingt zu einer tatsächlichen 10%-igen Änderung des Systemparameters. In Tab. 3-6 werden die Parameter einzeln vorgestellt. An Geometriemaßen werden Außen-, Innendurchmesser, Spalthöhe, Länge zwischen der Stiftspitze und der Austrittsfläche sowie die Permeabilität, Druckänderung und die temperaturabhängige Viskosität berücksichtigt (siehe Abb. 3-17).

Tab. 3-6: Die Drossel- und Fluidparameter in der Röhrchen-Variante und ihre Werte bei einer Änderung um 10%

| Parameter | Nennmaß | 10%-ige Änderung | Auflösung im Simulationsmodell (30 µm Voxellänge) |
|---|---|---|---|
| Spalt $s$ in mm | 0,25 | 0,275 | 0,27 |
| Eindringtiefe $l_{St-A}$ in mm | 2,00 | 1,80 | |
| Außendurchmesser $\emptyset_A$ in mm | 3,85 | 4,235 | 4,23 |
| Innendurchmesser $\emptyset_I$ in mm | 2,75 | 2,475 | 2,46 |
| Permeabilität $\kappa$ in m$^2$ | $3,38 \cdot 10^{-17}$ | $3,72 \cdot 10^{-17}$ | |
| Druck $\Delta p$ in bar | 2,5 | 2,75 | |
| Viskosität $\mu$ in mPa·s | 0,934 | 0,8405 (+10% Temperaturänderung führt zu 11,1% Viskositätsänderung) | |

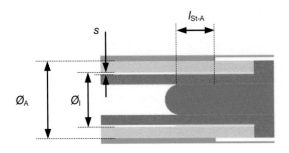

Abb. 3-17: Ausschnitt aus dem Simulationsmodell für die Vorstellung der Geometrieparameter

Die Geometrieparameter mit dem Außen- und Innendurchmesser, der Spalthöhe und der Länge zwischen der Stiftspitze und dem Austritt werden einzeln um 10% zur Bestimmung des Einflusses geändert.

### 3.2.3 Fertigungsspezifische Lösungsmethode: Die Beklebung

Die Röhrchen müssen in das Drosselgehäuse fest eingebaut werden, ohne dass eine Leckage entsteht. Die einfachste Methode ist das Kleben, wobei das unkontrollierte Eindringen des Klebstoffs in die Poren der Keramik ein Nachteil ist und bei den späteren Messungen zu nicht reproduzierbare Ergebnisse führen kann. Das Eindringen des Klebers in die Keramik ist nicht zu verhindern und auch in geringen Maßen erwünscht, da eine gewisse Haftung des Klebstoffs an dem Röhrchen gegeben sein muss. Aus diesem Grund muss ein Verfahren entwickelt werden, um das Eindringen kontrollieren zu können. Hierfür wird der Vorteil der sehr schnellen Aushärtung von hochviskosem UV-Klebstoff genutzt. Neben dem Kleben wurde auch das Einschmelzen in eine Glaskapillare oder in einen Polymerschlauch in Betracht gezogen. Um die Röhrchen in eine Glaskapillare einschmelzen zu können, müssen die Wärmeausdehnungskoeffizienten der Keramik und des Glases jedoch gleich sein. Ansonsten kommt es aufgrund der Sprödigkeit zu Rissen. Ein Polymerschlauch hat beim Einschmelzvorgang einen ähnlichen Aggregatzustand wie die hochviskosen Klebstoffe. Aus Zeitgründen wird in dieser Arbeit nur das Kleben behandelt.

Von der Fa. Loctite (Henkel AG, Düsseldorf) werden Klebstoffe mit einer Viskosität mit bis zu 65.000 mPa·s angeboten. Der Klebstoff Loctite 5248 mit der höchsten Viskosität hat zusätzlich die Eigenschaft, unter UV-Strahlung innerhalb weniger Sekunden auszuhärten. Für einen Vergleich wird ein Zweikomponenten-Klebstoff (Epoxidharz 4305 und Härter 1209 der Fa. DD Composite GmbH, Bad Liebenwerda), der in vielen Laboren üblicherweise genutzt wird, in dieser Untersuchung in Betracht gezogen (siehe Tab. 3-7).

Tab. 3-7: Klebstoffe für die Untersuchung der Eindringtiefe in die Poren

| Klebstoff | Viskosität in mPa·s | UV-härtend |
|---|---|---|
| 2-K Kleberstoff | 1 000 | Nein |
| Loctite 5248 | 65 000 | Ja |
| (Wasser) | (1) | (-) |

Die Klebstoffe werden auf die Mantelfläche des Röhrchens aufgetragen und ausgehärtet. Die Härtung des Loctite 5248 erfolgt an der UV-Lampe Blue Wave 75 (Fa. Dymax, USA) durch eine 20 Sekunden lange Bestrahlung. Der Zweikomponentenkleber wird nach dem Mischen für sieben Tage unter eine Abzugshaube zum Trocknen gelegt. Nach dem Härten werden die Keramiken in Längsrichtung gebrochen, um mögliche Unterschiede des Klebstoffauftrags in Abhängigkeit von der Länge zu sehen. Erfahrungen zeigen, dass durch das Berühren der porösen Keramiken mit metallischen Gegenständen (z.B. Pinzette, Skalpell) ein Abtrag von metallischen Partikeln verursacht wird, die an der Keramik haften bleiben. Im Anhang IX ist ein Beispielbild eines Röhrchens zu sehen, das mit einem Skalpell bearbeitet worden ist. Um dies zu vermeiden, werden die Keramiken einzeln in Kunststofftüten verpackt und zerschlagen, wodurch der Kontakt zwischen Keramik und Metall verhindert wird. Als Testobjekt wird die Probe R5 (Porengröße 0,11 μm, einmal infiltriert) ausgewählt.

## 3.2.4 Durchflussmessungen

Aus den Simulationen geht hervor, dass der Flowbereich des widerstandsreichsten Röhrchens R6 den Anforderungen am besten genügt. Daher wird im Folgenden nur die Keramik R6 für die Flowuntersuchung berücksichtigt. Der Flowverlauf von drei Exemplaren dieser Sorte, im Folgenden Probe R6-1, Probe R6-2 und Probe R6-3 genannt, wird gemessen, indem die Proben gemäß der Beschreibung aus Kap. 3.2 vorbereitet werden. Zu Beginn der Flowmessung befindet sich der Stift bereits 4 mm in der Keramik und dichtet somit 2 mm innerhalb der beklebten Fläche ab.

In den Voruntersuchungen hat sich gezeigt, dass eine Überstrapazierung der Polymerdichtung Risse im Material verursacht. Häufig entstehen die Risse zwischen dem „Teller" und dem zylindrischen Körper (siehe Abbildung in Anhang IX). Um diesen Fehler zu vermeiden, wird der Stift bis zu 18 mm in die Keramik statt der möglichen 20 mm eingeführt. Somit beträgt die gesamte Weglänge des Stiftes 14 mm. Aufgrund der Belastung der Polymerdichtung durch den Stift erfolgt die Bewegung schrittweise. Zudem muss berücksichtigt werden, dass bei einer Stiftbewegung das Fluid zum Schwanken gebracht wird. Daher entstehen einige Peaks am Messergebnis und der Durchfluss benötigt einige Zeit, um sich wieder einzupendeln. Aus diesem Grund wird, wie auch in der Vollzylinder-Variante, eine Ruhepause einkalkuliert. Es wurden mehrere Bewegungsarten definiert, vorgestellt werden jedoch hier die Ergebnisse von zwei Bewegungsarten, da die übrigen zu ähnlichen Erkenntnisse führen. Die beiden Bewegungsarten unterscheiden sich in der Schrittlänge, die 0,1 mm bzw. 0,5 mm beträgt. Dabei erfolgen die Bewegungen mit einer Geschwindigkeit von 0,025 mm/s. Zwischen den Schritten erfolgt eine zehnminütige Pause. Peaks, die während und nach einer Stiftbewegung entstehen, sorgen dafür, dass die Messkurve unübersichtlich dargestellt wird. Daher werden diese Peaks anhand einer Programmierung in der Messdatensoftware „DIAdem" der Fa. National Instruments (USA) eliminiert, indem die aufgezeichneten Werte während der Stiftbewegung und aus den ersten 60 Sekunden der Ruhepause gleich dem Wert aus der 61. Sekunde gesetzt werden. Die Aufzeichnung der Messwerte geschieht sekündlich. Die Eliminierung führt nicht dazu, dass alle Peaks aus der Messung entfernt werden, sondern nur die, die aufgrund der Stiftbewegung entstehen. Die Eliminierung der Messwerte bis zur 61. Sekunde der Ruhepause genügt, um die Peaks aufgrund der Stiftbewegung zu vernachlässigen. Entstehen Peaks ab der 61. Sekunde der Ruhepause, die nicht auf die Bewegung des Stiftes zurückzuführen sind, so werden diese in der Messgraphik dargestellt. Zur Überprüfung der Reproduzierbarkeit werden in den Messungen mit jeweils mindestens drei Zyklen durchgeführt. Da aber die Messzeit eines Zyklus unterschiedlich lang ist, bestehen einige Messungen aus mehr als drei Zyklen. Denn die Messungen werden über Tage bzw. über das Wochenende durchgeführt und aufgrund der unterschiedlichen Dauer eines Messzyklus der ersten bzw. zweiten Bewegungsart entsteht eine unterschiedliche Anzahl an Messzyklen während einer Messung. Ein Messzyklus der ersten Bewegungsart dauert rund 2834 Minuten (~48 Stunden), wohingegen die Messzeit für ein Zyklus aus der zweiten nur 590 Minuten (~10 Stunden) beträgt. Da bei einigen Messungen der dritte Messzyklus während der Nacht oder am Wochenende endet, läuft dennoch die Messung weiter, so dass weiter Zyklen aufgezeichnet werden, obwohl die Mindestzahl von drei Zyklen erfüllt wurde.

Tab. 3-8: Messmethoden in der Röhrchen-Variante

Die Flowmessung der drei Proben R6-1, R6-2 und R6-3 erfolgt durch die zwei Bewegungsarten des Stiftes.

| | | Schrittlänge in mm | Geschwindig- keit in mm/s | Ruhepause in Minuten |
|---|---|---|---|---|
| Probe R6-1 | 1. Bewegungsart | 0,1 | 0,025 | 10 |
| | 2. Bewegungsart | 0,5 | 0,025 | 10 |
| Probe R6-2 | 1. Bewegungsart | 0,1 | 0,025 | 10 |
| | 2. Bewegungsart | 0,5 | 0,025 | 10 |
| Probe R6-3 | 1. Bewegungsart | 0,1 | 0,025 | 10 |
| | 2. Bewegungsart | 0,5 | 0,025 | 10 |

## 3.2.5 Simulierung von Worst-Case-Szenarien: Röhrchen

Auch in der Röhrchen-Variante werden die beiden Worst-Case-Fälle, die zum einen zu einem Maximalflow und zum anderen zum Minimalflow führen, simuliert und analysiert. Als Referenzmodell wird die Probe R6 bei einer Stiftposition von 4 mm gewählt. Die Abweichungen sind in der Tab. 3-9 dargestellt.

Tab. 3-9: Abweichungen in der Röhrchen-Variante, die zu einem möglichen Maximal- bzw. Minimalflow führen

| | | Nennmaße R6 | | Min | | Max | |
|---|---|---|---|---|---|---|---|
| Innendurchmesser $Ø_I$ in mm | | 2,75 | | 2,68 | | 3,00 | |
| Außendurchmesser $Ø_A$ in mm | | 3,85 | | 4,16 | | 3,80 | |
| Eindringtiefe Stift in mm | | 4,00 | | 5,00 | | 3,00 | |
| Klebstoffhöhe in mm | | 18,00 | | 18,30 | | 17,70 | |
| Permeabilität $\kappa$ in m$^2$ | | $3,38\cdot10^{-17}$ | | $3,18\cdot10^{-17}$ | | $3,58\cdot10^{-17}$ | |
| Druck $\Delta p$ in bar | | 2,50 | | 2,45 | | 2,55 | |
| Temperatur in °C | Viskosität $\mu$ in mPa·s | 23 | 0,934 | 20 | 1,00 | 26 | 0,854 |
| | Fluiddichte in kg/m$^3$ | | 997,34 | | 998,23 | | 996,14 |

Für die Bestimmung der Geometrieabweichungen wurden pro Sorte zwei Keramiken unter einem optischen Mikroskop gemessen. Die gemessenen Geometriedaten sind im Anhang X zu finden. Dabei wurden die beiden Enden je fünfmal gemessen. Bei einer Eindringtiefe von 4 mm wird eine Abdichtung der Innenfläche von einer Länge zwischen 3 mm und 5 mm abgeschätzt. Die Klebstoffhöhe von 18 mm ist mit einer Genauigkeit von 0,3 mm einhaltbar. Wie auch in der Vollzylinder-Variante werden die Werte für die Permeabilität, dynamische Viskosität und der Druck mit einer Abweichung von $\pm 0,2 \cdot$ 10-17 $m^2$, $\pm 3 °C$ und $\pm 0,05$ bar abgeschätzt.

### 3.3 Der Versuchsstand

In den vorigen Abschnitten wurden die beiden Varianten und ihre Aufbauten beschrieben. Der Versuchsstand, an den die Proben angeschlossen werden, wird nun in diesem Abschnitt vorgestellt. Gemäß der Darcy-Gleichung ist der Durchfluss (bzw. die Geschwindigkeit des Fluids) eine Funktion von der Permeabilität $\kappa$, der Druckdifferenz $\Delta p$, der dynamischen Viskosität $\mu$ und der Weglänge $\Delta x$ durch die Keramik. Nun stellt sich die Frage, welche Messinstrumente zur Ermittlung der Flowverläufe für den Messstand nötig sind.

Wie in Kap. 1.3.2 beschrieben, befördert das n-Butan-Gemisch das Medikament mit einen Überdruck von 2,5 bar in die Drossel. Auch im Messaufbau muss dieser relative Druck erzeugt und zur Überprüfung gemessen werden. Die Viskosität $\mu$ ist abhängig von der Temperatur. Daher wird in die Nähe des Messstandes der Temperatursensor EL-USB 2 (Fa. Lascar Electronics, Großbritannien) platziert. Hierfür muss darauf geachtet werden, dass nicht die Wärme der umliegenden Geräte, wie z.B. ein Laptop, erfasst werden. Die Weglänge $\Delta x$ der Strömung durch die Poren wird durch die Bewegung des Stiftes bzw. des Stempels aus den Drosselkonstruktionen bestimmt. Neben einem Drucksensor gehören also ein Flowsensor und ein Temperatursensor zum Messaufbau. Dieser ist in Abb. 3-18 dargestellt. An einen Druckluftanschluss wird über einen Druckgasregler (Artikel 900896, Fa. Greggersen, Hamburg) ein mit Aqua Ad Iniectabilia (steriles Wasser für Injektionszwecke) gefüllter Behälter angeschlossen. Für Versuchszwecke wird in dieser Arbeit, statt den rezeptpflichtigen Medikamente wie Morphin oder Baclofen, das Aqua Ad genutzt, weil die benötigte Menge an Medikamenten schwer für Laborexperimente erhältlich ist. Die Verwendung von Wasser statt einer Medikamentenlösung (z.T.[17] bestehen sie zu 80% aus einer NaCl-Lösung

---

[17]    Die Zusammensetzung der Medikamentenlösung ist letztendlich abhängig vom Patienten und der Behandlung.

und zu 20% aus dem Medikament) ist akzeptabel [100], da beide ähnliche Viskositätswerte besitzen. Am Austritt des Behälters wird der Drucksensor S-11 der Fa. WIKA (Klingenberg) angeschlossen. Dieser Sensor misst im Bereich von 0 bis 6 bar mit einer Genauigkeit von 0,25% bei senkrechter Einbaulage. Nach dem Drucksensor ist ein Vorfilter „Rowephil 25/0.2" (Fa. Rowemed, Parchim) vorgesehen, damit die darauf folgenden Kapillare des Flowsensoren und die Poren der Proben vor Verschmutzungen geschützt werden. Dieser Filter hat eine PET-Membran mit einem Durchmesser von 25 mm und 0,2 μm Porengröße und an beiden Enden einen Luer-Lock-Anschluss. Für die Flowmessungen werden zwei Bereiche abgedeckt. Der Flowsensor LG16-150D (Fa. Sensirion AG, Schweiz) erfasst Durchflüsse bis 7000 nl/min und der LG16-480D bis 50 μl/min. Erwartet werden Durchflüsse von maximal einigen 1000 nl/min (siehe Simulationsergebnisse aus Kap. 4.1.2 und 4.2.2). Um die erfassten Werte überprüfen zu können, werden zwei Flowsensoren verwendet. Im Falle einer Leckage, z.B. einer undichten Stelle an den Verbindungen der Messgeräte, ist der Durchfluss höher als der Messbereich des kleineren Sensors. Dieser Sensor jedoch zeigt einen willkürlichen Wert an. Erkennt der Versuchsdurchführende eine Leckage nicht, so nimmt er den falschen, willkürlich vom Sensor angezeigten Wert als richtig an. Daher ist der zweite Flowsensor mit einem höheren Messbereich nötig, um Flowwerte zu erfassen, die aufgrund von Leckagen einen höheren Wert betragen. Zeigen beide Sensoren denselben Wert mit einer Differenz kleiner als die Messgenauigkeit an, so werden die Werte des kleineren Sensors aufgrund einer höheren Messgenauigkeit dokumentiert.

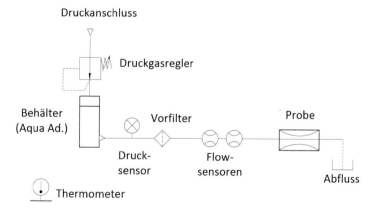

Abb. 3-18: Versuchsaufbau zur Ermittlung der Flowverläufe

Zwei Flowsensoren mit unterschiedlichen Messbereichen, ein Drucksensor, ein Vorfilter und die Drosselproben werden an einen Druckbehälter für die Ermittlung der Flowwerte angeschlossen.

Das Prinzip dieser Sensoren basiert auf der thermischen Massenflussmessung [101]. An eine Glaskapillare des Sensors wird ein Mikrochipsystem (CMOSens®) angebracht (siehe Abb. 3-19). Auf dem Mikrochip sind ein Heizelement und zwei Temperatursensoren montiert. Die Temperatursensoren befinden sich im gleichen Abstand zur Strömungsrichtung vor und nach dem Heizelement. Wird eine Wärmemenge in das Fluidmedium durch das Heizelement hinzugefügt, so wird die Temperaturdifferenz über die beiden Sensoren gemessen und an den Sensorchip weitergeleitet. Anhand der Wärmeausbreitung, die abhängig von der Fließgeschwindigkeit des Mediums ist, kann auf die Geschwindigkeit rückgeschlossen werden. Diese Daten werden am Chip verstärkt, digitalisiert und an einen PC weitergeleitet. Die Sensoreigenschaften des LG16-150D und LG16-480D sind in Tab. 3-10 zu finden.

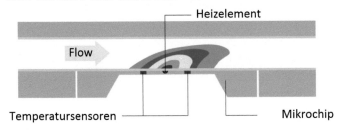

Abb. 3-19: Funktionsprinzip eines Sensirion Flowsensors [101]

Ein Heizelement bringt Wärme in das strömende Medium ein und anhand der Wärmeausbreitung werden Informationen zu der Strömung gewonnen.

Die einzelnen Messinstrumente des Versuchsaufbaus werden mit der Produktreihe „Upchurch Scientific" der Fa. Idex Corporation (USA) verbunden. Im Portfolio von „Upchurch Scientific" werden unter anderem Komponenten zur Konnektierung von mikrofluidischen Systemen angeboten. Die im Aufbau verwendeten Schläuche bestehen aus PEEK und haben einen Innendurchmesser von 1,0 mm (Artikel 1538) und 0,5 mm (Artikel 1569) bei einem Außendurchmesser von 1/16 bzw. 1/32 Zoll. Es werden unterschiedliche Schlauchdurchmesser gewählt, da die Flowsensoren nur mit den dünneren Schläuchen angebunden werden können. Übrige Verbindungen werden mit dem dickeren Schlauch realisiert, damit eine gewisse Stabilität gegeben ist, so dass die Schläuche nicht verknicken. Die Schläuche werden mit den Fittings P230, P252 und M645 in Kombination mit den Ferulen P200 und P248 an die Geräte angebunden. Noch bevor die Sensoren an das gefüllte Druckgefäß angeschlossen werden, wird das Druckgefäß an eine Vakuumapparatur bestehend aus „Cast N' Vac 1000" der Fa. Buehler (USA) und der Pumpe U63 der Fa. KNF Neuberger (Freiburg) angeschlossen. Hier wird zur Entgasung ein Unterdruck mit 0,9 bar erzeugt.

In den Vorversuchen wurde ein Drucksensor an das Druckgefäß und ein weiterer Sensor direkt vor der Probe angeschlossen um den Druckverlust in der Messreihe zu ermitteln. Diese beiden Sensoren zeigen eine vernachlässigbare Differenz von 20 mbar. Deshalb wurde entschieden, nur einen Drucksensor vor dem Filter zu installieren.

Tab. 3-10: Eigenschaften der Flowsensoren von Sensirion (gilt für Wasser bei einer Temperatur von 20°C und 1 bar Druck absolut)

| Sensor | LG16-150D | LG16-480D |
|---|---|---|
| Glassorte der Kapillare | Quarzglas | Quarzglas |
| Durchmesser der Glaskapillare in μm | 150 | 480 |
| Maximaler Messbereich in μl/min | 7 | 50 |
| Niedrigster kalibrierter Flowwert (LCF-Lowest Calibrated Flow) in μl/min | 0,4 | 1,0 |
| Messgenauigkeit oberhalb LCF | 5%[1] | 5%[1] |
| Messgenauigkeit unterhalb LCF | 0,25%[2] | 0,1%[2] |
| [1]vom gemessenen Wert | [2]vom gesamten Messbereich | |

# 4 Ergebnisse

In diesem Kapitel werden die Ergebnisse zu den in Kap. 3 vorgestellten Methoden beschrieben. Die Ergebnisse aus der Vollzylinder-Variante sind in Kap. 4.1 und die Ergebnisse aus der Röhrchen-Variante in Kap. 4.2 zu finden.

## 4.1 Variante Vollzylinder

Die Vorstellung der Ergebnisse in der Vollzylinder-Variante beginnt mit den Ergebnissen der Permeabilitätsmessung, anschließend folgen die Ergebnisse der Simulationen, der Fertigungsverfahren, der Flowmessungen und der Fehlerbetrachtung.

### 4.1.1 Permeabilitätsmessung und Vergleich der Messung mit der Simulation

Zur Ermittlung der Permeabilität werden zwei unbehandelte Vollzylinder-Proben (VZA und VZB) an den Messstand angeschlossen und der Durchfluss bei verschiedenen Drücken gemessen. Nach jeder Druckänderung kommt es zu einem Einschwingvorgang des Flows, weshalb fünf Minuten gewartet werden.

Diese Messung inklusive der linearen Regression ist in Abb. 4-1 dargestellt. Im Anhang XI sind die Flowprofile der Rohdaten samt der Einschwingvorgänge zu finden. Die Einstellung des Druckes auf ganze oder halbe Zahlen (z.B. 2,5 bar) ist mit diesen Druckgasreglern nicht möglich, aufgrund der Linearität jedoch auch nicht erforderlich.

Es war zu erwarten, dass die Probe VZA mit der kürzeren Keramiklänge und größerer Durchgangsfläche einen höheren Durchfluss aufweist als Probe VZB. Mithilfe der Geometriedaten werden die Permeabilitäten $7{,}68 \cdot 10^{-17}\,\mathrm{m}^2$ für Probe VZA und $7{,}34 \cdot 10^{-17}\,\mathrm{m}^2$ für VZB berechnet. Daraus ergibt sich ein Mittelwert von $7{,}5 \cdot 10^{-17}\,\mathrm{m}^2$ für die $ZrO_2$-Keramik.

Die Steigung der beiden Flowverläufe für VZA und VZB weichen voneinander um 12,5% ab und kann bei der Messgenauigkeit von 17,5 nl/min als niedrig erachtet werden.

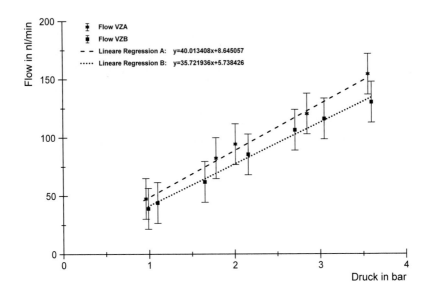

Abb. 4-1: Permeabilitätsmessung zweier $ZrO_2$-Proben

Anhand der erzielten Flowwerte bei unterschiedlichen Drücken kann mit Hilfe der Darcy-Gleichung die Permeabilitätskonstante $\kappa$ bestimmt werden. Für die $ZrO_2$-Keramik ergibt sich $\kappa = 7,5 \cdot 10^{-17}$ m$^2$.

## Vergleich der Messungen mit der Simulation

Mit diesem ermittelten Permeabilitätswert wird nun überprüft, wie nahe die Simulation der Messung kommt. Ein Vergleich der Ergebnisse sowie die übrigen Einstellparameter für die Software sind in Tab. 4-1 zu finden. Wird die Simulation mit einer Druckdifferenz von 2,5 bar durchgeführt, so erhält man bei einer Auflösung von 30 μm bzw. 20 μm die Werte 95,27 nl/min und 96,39 nl/min. Die Simulation wurde bereits in Kap. 2.2.3 zur Erläuterung des Einflusses eines Rechennetzes vorgestellt. Ein weiterer Vergleich zwischen Simulationen und Messungen erfolgt durch eine analytische Berechnung nach der Darcy-Gleichung. Setzt man dieselben Parameter aus der Simulation in die Darcy-Gleichung, so erhält man einen Wert von 95,38 nl/min. Dieser analytisch ermittelter Wert ist sehr nah an dem Simulationswert mit 30 μm Voxellänge.

Der experimentell ermittelte Flowwert für die Probe VZB ist um 5,3 % höher als der Simulationswert mit 20 μm Voxellänge bzw. um 6,4 % höher als der analytische Wert. Da während der Messung mit der Probe VZA der Druck von 2,5 bar nicht genau eingestellt werden konnte, wird der anhand von zwei Messwerten ermittelte Flowwert gewählt (siehe Fußnote 18, S. 83). Die Einstellung des Druckes auf 0,1 bar genau ist mit den Druckgasregler der Fa. Greggersen schwierig. Der für die VZA berechnete Wert von 107,92 nl/min liegt rund 12 % höher als die simulierten Werte, wobei beachtet werden muss, dass VZA eine kürzere Keramiklänge und einen größeren Durchmesser als das Simulationsmodell besitzt. Diese Maße führen zu einem höheren Durchfluss.

Tab. 4-1: Vergleich der Simulationswerte mit den Messungen und der analytischen Rechnung

| Darcy | Simulation | | | Messung | |
|---|---|---|---|---|---|
| Flow in nl/min | Voxelllänge in μm | Genauigkeit | Simulationswert in nl/min | Flow[18] in nl/min | Probe |
| 95,38 | 30 | $10^{-8}$ | 95,27 | 107,92 | VZA |
| | 20 | $10^{-8}$ | 96,39 | 101,50 | VZB |
| | Parameter: Druck 2,5 bar Permeabilität $7,5 \cdot 10^{-17}$ m$^2$ Länge 12 mm Durchmesser 1,1 mm Dynm. Viskosität $0,934 \cdot 10^{-3}$ Pa·s | | | Druck VZA: (2,5 bar)[18] Druck VZB: 2,58 bar (gemessen) | |

## 4.1.2 Simulationsergebnisse in der Vollzylinder-Variante

### 4.1.2.1 Simulation der Modelle MVZ1 bis MVZ6

Die Ergebnisse der Simulation für die in Kap. 3.1.2 vorgestellten Modelle MVZ1 bis MVZ6 sind in einem Diagramm in Abb. 4-2 zusammengefasst. Nun folgen Erläuterungen zu den Simulationsergebnissen.

Alle Bohrungen sind geöffnet:

Wenn alle Bohrungen geöffnet sind, ist der Abstand der ersten Bohrung zur Einstrittsseite (Abstand *a*) von großer Bedeutung, da ein Großteil des Fluids an der

---

[18]  Mit den Druckgasreglern der Fa. Greggersen können keine Drücke auf 0,1 bar bzw. auf 2,5 bar eingestellt werden. Für die Probe VZA werden die Flowwerte bei 2,01 bar und 2,85 bar ausgewählt und anhand dieser Werte der Flow für 2,5 bar abgeschätzt. Dabei wird eine Linearität mit $\dot{V}=30,95 \cdot \Delta p + 31,79$ berücksichtigt. Für die Probe VZB konnte ein Druck mit 2,58 bar nah an dem erwünschten Referenzdruck von 2,5 bar eingestellt werden, daher wird der Flowwert für diesen Druck berücksichtigt.

ersten Bohrung austritt. Bis auf MVZ3 haben alle anderen Modelle einen Wert von 0,5 mm für den Abstand $a$. Da das Modell MVZ5 einen größeren Bohrungsdurchmesser und eine höhere Tiefe (mit $t$= 1,0 mm) besitzt, zeigt es in den Simulationen den höchsten Wert. Den zweithöchsten Wert besitzt das Modell MVZ1 und den dritthöchsten das Modell MVZ6. MVZ1 hat zwar im Vergleich zu MVZ6 kleinere Bohrungsdurchmesser, jedoch ist die Tiefe der Bohrung höher, was einen höheren Durchfluss begünstigt. Die nächsthöheren Werte besitzen die Modelle MVZ2 bzw. MVZ4. Das Modell mit dem größten Abstand der ersten Bohrung zur Eintrittsseite hat den niedrigsten Flowwert (Abstand $a$ beträgt 1 mm).

Schließung der ersten Bohrung (vier geöffnete Bohrungen):

Hier ist die Reihenfolge nach der Höhe der Simulationswerte fast identisch mit dem Zustand, in dem alle Bohrungen geöffnet sind. Die Ausnahme ist, dass die Modelle MVZ6 und MVZ2 nahezu dieselben Werte aufweisen. Diese beiden Modelle unterscheiden sich nur in den Bohrungsdurchmessern. Dadurch, dass die Bohrungen des MVZ2 mit 0,5 mm kleiner sind als die des MVZ6 (1,0 mm), liegt die zweite Bohrung (die erst geöffnete Bohrung) näher an der Eintrittsseite. Dagegen ist die zweite Bohrung des MVZ6 größer, weshalb mehr Fluid herausströmen kann. Daher führen diese beiden Effekte entsprechend der Simulation zu nahezu gleichen Flowwerten.

Schließung der ersten beiden Bohrungen (drei geöffnete Bohrungen):

Hier ändert sich die Reihenfolge nach den höheren Werten aus der Simulation.

Erstens sind die Flowwerte des MVZ5 und MVZ1 nahe beieinander. Die Bohrungsgeometrien dieser beiden Proben unterscheiden sich durch den Bohrungsdurchmesser, wobei MVZ1 mit 0,5 mm den kleineren Durchmesser als MVZ5 mit 1,0 mm besitzt. Wiederrum treten die oben erwähnten Effekte auf, in der zum einen die erste geöffnete Bohrung (die dritte Bohrung zur Eintrittsseite) der einen Probe, in diesem Falle MVZ1, näher zur Eintrittsseite liegt und zum anderen die andere Probe, in diesem Falle MVZ5, größere Bohrungsdurchmesser bzw. Austrittsflächen besitzt. Daher sind auch hier die Simulationswerte für MVZ1 und MVZ5 nahezu identisch.

Zweitens liegen die Flowwerte des MVZ4 und MVZ3 näher beieinander. Diese beiden Modelle unterscheiden sich zum einen in dem Abstand $a$ (MVZ3 hat einen Abstand $a$ von 1,0 mm und MVZ4 einen Abstand $a$ von 0,5 mm) und zum anderen in der Tiefe der Bohrungen (MVZ3 hat eine um 0,1 mm tiefere Bohrung als MVZ4). Wegen des größeren Abstands *a* liegt die erst geöffnete Bohrung (dritte Bohrung zur Eintrittsseite) des MVZ3 mit einer größeren Distanz zur Eintrittsseite als die des MVZ4. Aber dadurch, dass die Bohrungen des MVZ3 eine höhere Tiefe besitzen, ist der Durchfluss nahezu wie der des MVZ4.

Schließung von drei bzw. vier Bohrungen (zwei Bohrungen sind geöffnet bzw. eine Bohrung ist geöffnet):

Der Flowwert des MVZ6 lag bei allen geöffneten Bohrungen höher als die des MVZ2. Dadurch, dass die Bohrungsdurchmesser des MVZ2 kleiner als die des MVZ6 sind, liegt die vierte Bohrung näher zur Eintrittsseite. Dies führt zu höheren Durchflüssen bei der Schließung der ersten drei und der ersten vier Bohrungen. Dasselbe Phänomen tritt auch beim Vergleich der Modelle MVZ1 (Bohrungsdurchmesser 0,5 mm) und MVZ5 (Bohrungsdurchmesser 1,0 mm) auf.

Der Einfluss der Bohrungstiefe ist anhand der Modelle MVZ2 ($t$= 0,8 mm) und MVZ5 ($t$= 1,0 mm) zu sehen. Die Simulationen der beiden Modelle zeigen nahezu ähnliche Werte bei vier verschlossenen Bohrungen (die letzte Bohrung zur Eintrittsseite ist geöffnet). Zwar hat die geöffnete Bohrung im Modell MVZ2 einen kleineren Abstand zur Eintrittsseite, aber dadurch, dass die Bohrungstiefe des MVZ5 größer ist, sind die Ergebnisse fast identisch.

Schließung aller Bohrungen:

Die Simulationswerte für den Zustand, bei dem alle Bohrungen verschlossen sind, sind ähnlich, aber nicht identisch. Der Grund hierfür ist der Materialabtrag am Bohrungsgrund. Durch den Materialabtrag wird an diesen Stellen eine Bypass-Strömung parallel zum Flow durch die Poren erzeugt. Da das abgetragene Material aufgrund unterschiedlicher Bohrungsdurchmessern und –tiefen verschieden ist, zeigen die Simulationen unterschiedliche Werte an.

Diese Arbeit kommt zu dem Schluss, dass das Modell MVZ2 mit den Geometrien $a$= 0,5 mm, $b$= 1,0 mm, $d$= 0,5 mm und $t$= 0,8 mm zu bevorzugen ist. Zwar ist ein Durchfluss zwischen 70 nl/min und 2 800 nl/min gefordert (Pumpenvariante 2, siehe Kap. 1.4) und die Modelle MVZ1, MVZ5 und MVZ6 decken einen breiteren Bereich der Forderung ab, jedoch sind die Geometrien des MVZ2 günstiger für die weitere Untersuchung. Die kleineren 0,5 mm-Bohrungen sind einfacher zu verschließen als die

1,0 mm Bohrungen der Modelle MVZ5 bzw. MVZ6. In der späteren Fertigung soll
während des Bohrvorgangs möglichst wenig Hitze erzeugt werden, damit es nicht zur
Verschmelzung der Poren kommt. Des Weiteren muss der ganze Durchmesser des
Bohrers über die gekrümmte Fläche der Probe herausragen. Um beide Bedingungen zu
erfüllen, wird eine Tiefe von 0,8 mm, statt den hier untersuchten Tiefen von 0,7 mm
(MVZ4) bzw. 1,0 mm (MVZ1) bevorzugt. Erwünscht ist ein hoher maximaler Durchfluss, weswegen ein kleiner Abstand *a* bevorzugt wird.

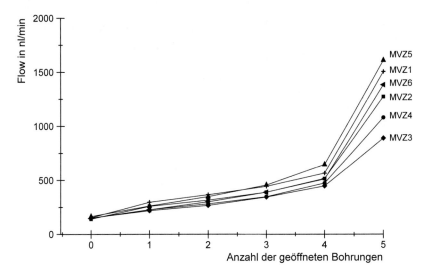

Abb. 4-2: Simulationswerte in der Vollzylinder-Variante
Anhand der Simulation werden die Flowverläufe für die Proben MVZ1 bis MVZ6 abgeschätzt.


### 4.1.2.2 Einflussgrößen der einzelnen Geometrieparameter auf den Durchfluss

Neben den Flowverläufen wird auch der Einfluss jedes einzelnen Parameters in Simulationen analysiert. In Abb. 4-3 werden die Simulationen mit den um 10% veränderten
Werten der einzelnen Drossel- und Fluidparameter vorgestellt. Als Referenz wird das
Simulationsmodell MVZ2 mit fünf geöffneten Bohrungen gewählt, da die Proben für
die anstehenden Flowmessungen (Kap. 4.1.4) nach den Geometrien des MVZ2 gefertigt werden. Die Simulation für das Referenzmodell zeigt einen Durchfluss von
1272 nl/min. In der Abbildung stellt die gestrichelte Linie dieses Niveau dar. Eine
10%ige Erhöhung dieses Wertes wird mit der braunen, gepunkteten Linie dargestellt.
In der Darcy-Gleichung gehen die Druck-, Viskositäts- und die Permeabilitätswerte

proportional zum Volumenstrom ein. Aufgrund dessen wird erwartet, dass eine Änderung dieser Werte zu einer Änderung des Flows in demselbe Verhältnis führt. Die Simulationen bestätigen diese Erwartungen. Der Wert für die Viskosität ist leicht höher,
da hier eine 10%ige Änderung der Temperatur berücksichtigt wird und daraus eine
11,1%ige Änderung in Viskosität resultiert.

In den Simulationen, bei denen die Modellgeometrien um 10% vom Referenzmodell
abweichen, ist der Einfluss des Abstands $a$ wie erwartet hoch. Jedoch hat der Durchmesser der Keramik den höchsten Einfluss. Gemäß Darcy wird das Quadrat des
Durchmessers berücksichtigt ($\dot{V}{\sim}d^2$). Da der meiste Durchfluss an der ersten Bohrung
heraustritt, hat die Länge der Keramik in diesem Zustand kaum Einfluss auf den
Durchfluss. Betrachtet man ein Modell mit ausschließlich verschlossenen Bohrungen,
so ist der Einfluss der Länge mit $\dot{V}{\sim}1/l$ zu berücksichtigen. Aus demselben Grund hat
der Abstand $b$ der zweiten Bohrung und der Bohrungsdurchmesser kaum Einfluss auf
den Flow. Gemäß der Simulation hat eine 14% tiefere Bohrung nur eine Änderung von
rund 3,2% bei dem Flowwert zur Folge.

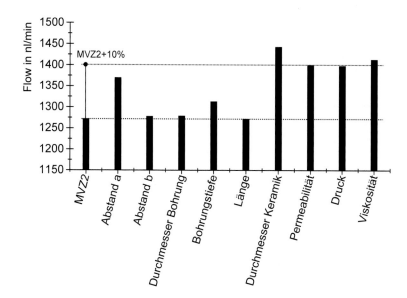

Abb. 4-3: Einflussfaktoren der einzelnen Drossel- bzw. Fluidparameter in der Vollzylinder-Variante

Alle Parameter wurden im Modell MVZ2 einzeln um 10% verändert und die Simulation dazu durchgeführt. Die daraus resultierenden Ergebnisse zeigen den Einfluss der Parameter.

### 4.1.3 Fertigungsspezifische Lösungsmethode: Die vier Bohrungsvarianten

Die Oberflächenänderungen entlang der Bohrung aufgrund der im Methodenteil vor-
gestellten Fertigungsverfahren werden in diesem Abschnitt anhand von REM-
Aufnahmen erläutert. Die Geometrien der Proben wurden am optischen Mikroskop
(Keyence VHX-600) gemessenen und sind im Anhang VI zu finden. In Abb. 4-4 werden die REM-Aufnahmen der Proben gezeigt. Hier sind Bilder von der gebrochene
Stirnfläche und dem Bohrungsgrund zu sehen. Jeweils das dritte Bild in der Reihe
zeigt den gesamten Querschnitt einer Bohrung mit einer Vergrößerung von 33. Die
Bilder links davon sind mit einer Vergrößerung von 1200 bzw. 5000 aufgenommen
und zeigen den Bohrungsrand. Eine um das 5000-fach vergrößerte Fläche der inneren
Bohrung ist im Bild rechts zu sehen. Die vergrößerten Stellens sind an der entsprechenden Stelle markiert.

**Konventionelles Bohren**

Bei einem Vergleich der Porenstruktur auf dem Bohrungsgrund mit einer unbehandel-
ten Stelle sind Verschmierungen und Verdichtungen der Poren zu erkennen (siehe
Aufnahmen in der erste Reihe in Abb. 4-4). Zudem zeigen die ermittelten Maßen aus
Anhang VI, dass bei allen vier Fertigungsverfahren die Tiefe schwierig einzustellen
ist. Beim konventionellen Bohren variiert die Tiefe bis zu 10% vom Nennmaß.
Schwierig ist die Positionierung der Bohrungen[19], vor allem die erste Bohrung um den
Abstand $a$ von der Eintrittsseite. Dieser Abstand beträgt 290 μm und unterscheidet
sich mit zu 42% vom erwünschten Nennmaß.

**Diamantbohren**

In dieser Fertigungsvariante sind weit mehr freie Poren zu sehen als bei den Proben
aus dem konventionellen Bohren (siehe zweite Reihe). Anhand der Geometriemessung
ist zu erkennen, dass hier, im Vergleich zum konventionellen Bohren, die Abstände
mit +20% (Probe D1) und -20% (Probe D2) besser eingehalten werden können. Auffällig ist, dass alle Durchmesser aller Proben ca. 20% kleiner sind als das Nennmaß.
Hier ist zu erwähnen, dass die Proben mit ein und demselben Diamantbohrer bearbeitet wurden.

---

[19]  Wie bereits erwähnt, ist die Positionierung der Bohrungen aufgrund der Brechung des Glases
schwierig, denn die Stirnseite, worauf sich der Abstand der ersten Bohrung bezieht, ist nicht eindeutig zu erkennen.

**Ultraschallbohren**

Weit offenporiger und homogener als bei den übrigen drei Fertigungsverfahren ist der Bohrungsgrund nach dem Ultraschallbohren (dritte Reihe). Zwar gibt es hier auch Verschmierungen, jedoch sind diese gemäß den REM-Aufnahmen geringer. Besonders gut ist dies anhand der zweiten Abbildung von links zu sehen. Entlang der Bohrung ähnelt die Porengeometrie die der gebrochenen Stirnseite. Im Vergleich zum Diamantbohrer sind die Durchmesser besser eingehalten worden und weichen um maximal 10% vom Nennmaß ab. Jedoch sind an der Ultraschall-Anlage die Bohrungspositionen schwierig einzuhalten. Der Abstand $a$ weicht mit bis zu 200 µm (~40%) ab.

**Excimer-Laser und Schleifen**

Durch den Laserstrahl entsteht eine konische Form des Abtrags. Erst mithilfe des Schleifens wird die Form in eine zylindrische gebracht. Während dieser beiden Schritte sind verglichen mit den anderen Fertigungsverfahren die meisten Proben zerbrochen. Durch den weiteren Bearbeitungsschritt (Schleifen) wird das Risiko für den Ausfall erhöht. Jedoch sind die Bohrungen sehr genau platziert, da der Laserstrahl sehr präzise gesteuert werden kann. Der Abstand $a$ z.B. weicht nur um 30 µm bzw. 60 µm (6% bzw. 12%) vom Nennmaß ab. Andererseits kann das Schleifen die durch den Excimer erzeugten Verschmelzungen (Vergleiche Abb. 3-6 mit Abb. 4-4 unten) zwar verbessern, jedoch sind weiterhin Artefakte zu finden. Unklar ist auch, ob die Verschmelzungen durch den Laserprozess oder evt. auch durch den Schleifstift entstanden sind.

**Entscheidung für die Methode des Ultraschallbohrens**

In den drei Fertigungsvarianten „Konventionelles Bohren", „Diamantbohren" und „Excimer-Laser und Schleifen" hat es bei der Bearbeitung von zehn Proben mindestens zwei Ausfälle aufgrund des Bruches der Glaskapillare gegeben. In der Methode „Ultraschallbohren" kam es jedoch nur zu einem einzigen Ausfall bei zehn Proben. Zudem hinterlässt der Ultraschallbohrer eine sehr offenporige Struktur am Bohrungsgrund. Aus diesen beiden Gründen wird dieses Verfahren für die weiteren Aktivitäten ausgewählt.

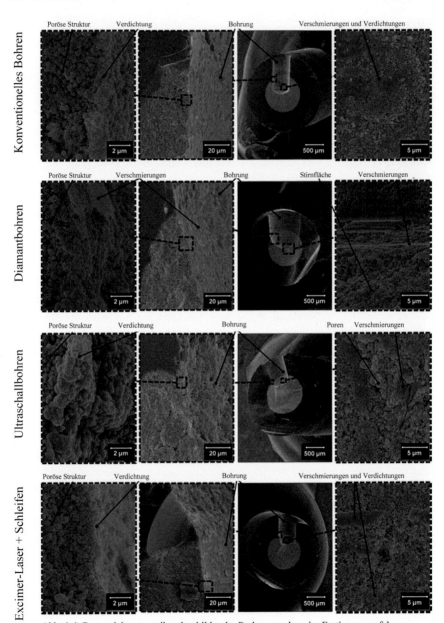

Abb. 4-4: Rasterelektronenmikroskopbilder der Proben aus den vier Fertigungsverfahren

## 4.1.4 Durchflussmessungen

Im Folgenden werden die Messergebnisse vom zehnmaligen Öffnen und Schließen der Bohrungen vorgestellt. Die Messungen wurden am selben Messstand bei einem Druck von 2,5 bar durchgeführt. Abb. 4-5 zeigt die durchschnittlichen Flowwerte für die Proben US10, US30, US40 und US50 mit den dazugehörigen Simulationswerten. Die einzelnen Messwerte sind im Anhang XII zu finden. Die Probe US40 konnte nur anhand von sechs Messzyklen gemessen werden, da während des Versuches die Glaskapillare zerbrach. Zu einem Glasbruch bei der Vorbereitung auf die Messung kam es bei der Probe US20, weshalb hierfür keine Flowwerte ermittelt werden konnte. Die Modelle der Simulationen wurden anhand der entsprechenden CT-Daten generiert. Alle Proben wurden in einer µ-CT-Anlage gescannt und anhand der rekonstruierten 3-D-Modelle wurden die Geometriedaten, wie die Bohrungsabstände, -durchmesser, -tiefen, sowie Länge und Durchmesser der Keramik, bestimmt. Daraus wurden Modelle für die Simulation erstellt. Nun können die gemessenen Werte mit der Simulation verglichen werden. Bei der Durchführung der Messungen wird der „Konstruktionsaufbau Radial" verwendet. Erst im späteren Schritt wird der andere Aufbau genutzt.

Nun folgt die Vorstellung der gemessenen Flowwerte und die durchgeführten Simulationen der Proben US10, US30, US40 und US50 aus Abb. 4-5.

Alle Bohrungen geöffnet:

Sind alle Bohrungen geöffnet, erwartet man den höchsten Flowwert bei der Probe mit dem kleinsten Abstand $a$ der ersten Bohrung zur Eintrittsseite, der aufgrund der Herstelltoleranzen zwischen den Proben variiert. Die drei Proben US10, US30 und US40 haben einen ähnlich großen Abstand $a$ (ca. 460 µm), der kleiner ist als der Abstand $a$ der Probe US50 (541 µm).

Unter den Proben US10, US30 und US40 weist die Probe US40 mit 1620 nl/min einen deutlich höheren Messwert auf als die übrigen zwei Proben mit 1356 nl/min (US10) bzw. 1212 nl/min (US30). Dies könnte an der höheren Bohrungstiefe liegen. Aber die Tiefe der ersten Bohrung der Probe US40 (330 µm) liegt unter den Wert des US10 (352 µm). Daher ist anhand der Bohrungstiefe ein höherer Wert für die Probe US10 zu erwarten als für die Probe US40. Die Probe US30 hat mit 293 µm die niedrigste Bohrungstiefe und so folgt daraus der niedrigste Flow unter den Proben mit dem (beinahe) selben Abstand $a$.

Neben den Geometrie- und Flowwerten muss auch berücksichtigt werden, dass der gemessene Flow des US40 um 15% höher als der entsprechende Simulationswert ist.

Demgegenüber zeigen die Messwerte für die Proben US10 und US30 einen niedrigeren Wert im Vergleich zu den zugehörigen Simulationswerten.

Warum US40 in diesem Zustand (bei allen geöffneten Bohrungen) einen höheren Durchfluss hat, wird im Folgenden „Ungereimtheit I" genannt und im Diskussionsteil näher erläutert.

Da die Probe US50 den größten Abstand $a$ (541 µm) besitzt, wird hier der niedrigste Flowwert bei allen fünf geöffneten Bohrungen erwartet. Vergleicht man die Simulationswerte der vier Proben, so kann auch der kleinste Wert der Probe US50 zugeordnet werden. Jedoch ist der gemessene Wert mit 1251 nl/min geringfügig, d.h. um 39 nl/min, höher im Vergleich zum gemessenen Flowwert der Probe US30 („Ungereimtheit II").

Eine bis vier Bohrungen geöffnet:

Für die Zustände mit einer bis vier geöffneten Bohrungen liegen die Flowwerte nahe beieinander. Ein Rückschluss aus den Geometriedaten auf den Zustand mit einer bis vier geöffneten Bohrungen kann schwierig gezogen werden, da die Einflüsse der einzelnen Abmessungen sich überlappen. Anders ist es in den Fällen, bei denen alle Bohrungen entweder geöffnet oder verschlossen sind, denn hier ist der Einfluss des Abstandes $a$ bzw. der Länge der Keramik bedeutend.

Alle Bohrungen verschlossen:

Bei ausschließlich geschlossenen Bohrungen betragen die Flow- und Simulationswerte rund 100 nl/min. Aufgrund der unterschiedlichen Längen jeder Keramik unterscheiden sich diese Werte von Probe zu Probe. Die Probe US50 hat eine Länge von 13,16 mm statt des Nennmaßes von 12,00 mm (siehe Anhang VII). Daher ist der Durchfluss mit 99 nl/min niedriger als bei den übrigen drei Proben. Die Probe US10 dagegen hat die kürzeste Keramiklänge mit 11,34 mm und daher den höchsten Flowwert (124 nl/min) bei ausschließlich verschlossenen Bohrungen. Da die Längen der Proben US30 und US40 zwischen den Längenmaßen von US10 und US50 betragen, liegen die gemessenen Durchflusswerte für US30 und US40 auch zwischen den Werten von US10 und US50.

Wird durch das mehrmalige Öffnen und Schließen der Bohrungen wieder dieselbe Anzahl an geöffneten Bohrungen erreicht, weichen die gemessenen Durchflüsse zwischen

1,3% und 5,8% ab. Die Flowabweichungen sind in den Tabellen im Anhang XII aufgelistet.

Der Verlauf der Mess- und Simulationswerte für alle Proben entspricht den Erwartungen gemäß der Darcy-Gleichung mit $V \sim 1/\Delta x$, wobei die Fließlänge $\Delta x$ durch die poröse Keramik größer wird, je mehr Bohrungen verschlossen werden.

Eine graphische Zusammenfassung der Messergebnisse aller Proben ist in Abb. 4-6 zu finden. Zwar ist anhand von vier Proben keine eindeutige Aussage möglich, jedoch zeigen die Flowverläufe aller vier Proben große Unterschiede. Für eine Marktreife muss die Fertigung der Bohrungen optimiert werden, d.h. eine Verringerung der Geometrieabweichungen muss sichergestellt sein. Nur so kann eine eindeutige Medikamentenabgabe stattfinden. Näheres zur Optimierung wird im Diskussionsteil dieser Arbeit erläutert.

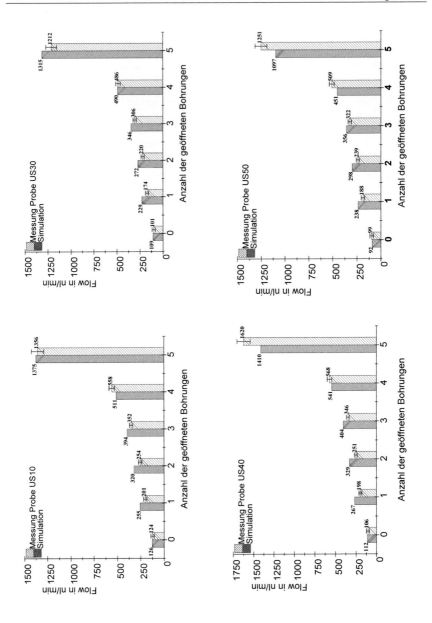

Abb. 4-5: Mess- und Simulationswerte der Proben US10, US30, US40 und US50

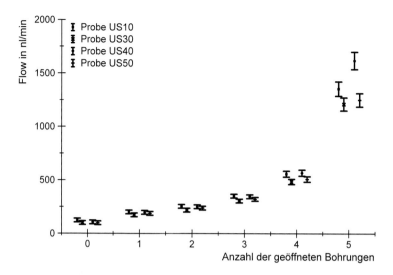

Abb. 4-6: Die Messwerte aller vier Proben in Abhängigkeit der Anzahl der geöffneten Bohrungen

Zur Untersuchung des Unterschieds zwischen den Messergebnissen und den Simulationswerten für die Proben US10 bis US50 ist gesondert die Graphik aus Abb. 4-7 erstellt worden. Hier ist das Verhältnis zwischen dem Messwert und dem Simulationswert zu jedem Zustand mit geöffneten bzw. verschlossenen Bohrungen gebildet. Die Abweichungen zwischen den Messungen und den Simulationen betragen zwischen 1% und 26%. Die hohen Abweichungen sind bei einer bzw. zwei geöffneten Bohrung zu finden. In diesen Zuständen weichen die Werte um mindestens 20% ab. Bei drei geöffneten Bohrungen weichen die Werte zwischen 9% (Probe US50) und 14% (Probe US40) ab. In diesen drei Zuständen sind alle Simulationswerte höher als der gemessene Durchfluss. Bei vier und fünf geöffneten Bohrungen liegen die Abweichungen zwischen nur 1% (Probe US10 und US30) und 15% (Probe US40). Im Zustand mit ausschließlich verschlossenen Bohrungen variieren die Abweichungen zwischen 2% (Probe US10) und 8% (Probe US30).

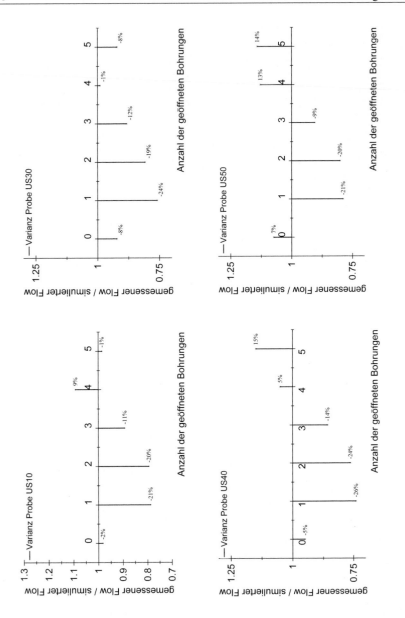

Abb. 4-7: Die Abweichungen zwischen den gemessenen und simulierten Werten für die Proben US10, US30, US40 und US50

### 4.1.4.1 Messungen mit dem „Konstruktionsaufbau Axial"

Nun folgt eine Messung der Probe US50 mit dem „Konstruktionsaufbau Axial", da diese Methode durch die axiale Bewegung des Stiftes eine geringe Bauhöhe benötigt und somit besser für die spätere Implementierung in die Infusionspumpe geeignet ist. Im ersten Iterationsschritt wird der Stift in 0,1 mm Schritten um 10 mm hin und her bewegt. Dabei öffnen bzw. schließen sich die Bohrungen einzeln und der Flowverlauf gemäß Abb. 4-8 wird aufgenommen. Befindet sich der Stift über allen Bohrungen (d.h. die Stiftposition beträgt 0 mm), so sind alle Bohrungen verschlossen und ein Flow von 104 nl/min fließt durch die Keramik. Wird der Stift bewegt, indem die letzte Bohrung von der Eintrittsseite aus geöffnet wird, so erhöht sich der Durchfluss auf 213 nl/min und bei weiterer Bewegung auf 280, 370, 572 und 1347 nl/min. Beim Zurückfahren des Stiftes werden nahezu dieselben Werte erzielt. Die Messungen wurden bei einem Druck von 2,54 bar durchgeführt.

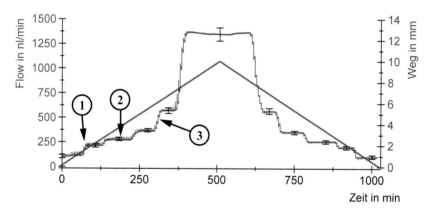

Abb. 4-8: Flowverlauf der Probe US50 mit der axialen Messmethode
Die Bohrungen werden mit einem sich in axialer Richtung bewegenden Stift zugedrückt.

Wie bereits erwähnt werden weit mehr Bereiche abgedeckt als nur die Bereiche bis zur Spitze des Stiftes. Befindet sich eine Bohrung an der Grenze zwischen dem abgedeckten und nicht-abgedeckten Bereich, so ist diese Bohrung nur teilweise verschlossen und eine unbestimmbare Menge an Flüssigkeit strömt bzw. leckt heraus. Daher gibt es keine sprunghafte Flowänderung, wie Punkt ① zu sehen ist. Ist es eindeutig, dass eine bestimmte Anzahl an Bohrungen verschlossen ist, so herrscht ein konstanter Flow in diesem Bereich (wie beispielsweise an Punkt ②). Nach jeder Stiftbewegung entstehen zwar Peaks, die sich jedoch innerhalb von 10 Sekunden wieder einpendeln (siehe Vergrößerung des Bereichs an Punkt ① aus Abb. 4-9 links). In Bereichen, in der sich der

Flow ändert (wie z.B. an Punkt ③), dauert der Einschwingvorgang mehr als eine Minute (siehe Abb. 4-9 rechts). Hier pendelt sich der Flow auf einen Zwischenwert ein.

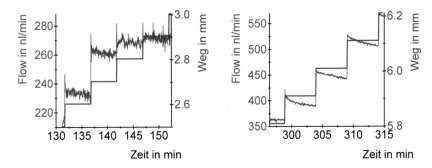

Abb. 4-9: Peaks nach den Stiftbewegungen

Die linke Abbildung ist eine Vergrößerung am Punkt ① aus Abb. 4-8. Hier, in einem konstanten Flowbereich, klingt der Flow innerhalb von 10 Sekunden ab. In Bereiche, in der der Durchfluss verändert wird wie beispielsweise ③ aus Abb. 4-8 (hier die rechte Abbildung), dauert das Abklingen ca. eine Minute (siehe rechts).

Es wird eine weitere Messung durchgeführt, in der die Stiftpositionen, die zur Schließung bzw. Öffnung der Bohrung führen, direkt angefahren werden. Anhand dieser Flowkurve aus der vorigen Messung (siehe Abb. 4-8) werden die Stiftposition bei 1,5 mm; 3,0 mm; 4,5 mm; 6 mm und 7,5 mm zur eindeutigen Öffnung und Schließung der fünf Bohrungen bestimmt. Diese Daten werden in den Einstellungen der Nemesys-Spritzenpumpe zur Steuerung des Stiftes eingegeben. Zudem soll sich der Stift 100-mal hinein und dann wieder heraus bewegen.

Das Flowprofil der neuen Messung ist in Abb. 4-10 zu finden. Da in einer Graphik mit 100 Zyklen (siehe obere Abbildung Abb. 4-10) wenig zu entnehmen ist, wird der erste und letzte Zyklus in den unteren Bildern vergrößert dargestellt. Die gesamte Messung hat eine Dauer von 93 Stunden (~vier Tage), wobei ein Messzyklus rund 57 Minuten dauert. Nach einer Bewegung ruht der Stift für fünf Minuten bis sich ein konstanter Flow einstellt. Es treten geringe Schwankungen in den Flowwerten bei derselben Stiftposition auf. Der Flow variiert zwischen 99 und 1328 nl/min. Da nun aus der ersten Iteration klar ist, welche Bohrungen geöffnet und welche verschlossen werden, ist der Übergang zwischen zwei Flowwerten sprungartig.

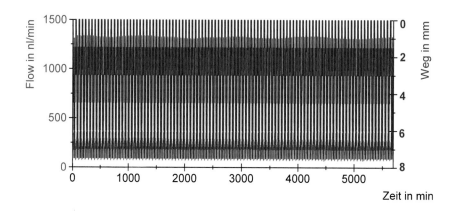

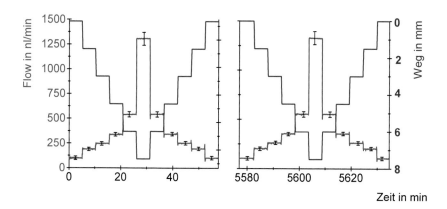

Abb. 4-10: Flowprofil der Probe US50 im „Konstruktionsaufbau Axial"

Zuvor bestimmte Stiftpositionen, die zur eindeutigen Schließung und Öffnung der Bohrungen führen, werden direkt angefahren, wodurch ein Flowverlauf mit sprunghaften Durchflussänderungen während eines Schließ- bzw. Öffnungsvorgangs einer Bohrung entsteht. In den unteren Bildern ist die Vergrößerung des ersten und letzten Zyklus aus der Messung mit 100 Zyklen (oben) zu sehen.

## 4.1.5 Simulierung von Worst-Case-Szenarien: Vollzylinder

Auf der Grundlage des MVZ2 mit fünf geöffneten Bohrungen werden zwei Simulationsmodelle erstellt, die die maximalen Abweichungen für den höchsten und den niedrigsten Durchfluss beinhalten. Der Höchst- und Minimalwert ist als Fehlerbalken in der Graphik in Abb. 4-11 dargestellt. Mit den ausgewählten Parametern für die potentiellen Abweichungen kann gemäß der Simulation ein Flowwert von 766 nl/min bzw. 2620 nl/min entstehen, der eigentlich laut der Simulation bei den Nennmaßen einen Wert von 1272 nl/min haben müsste. Dies sind Abweichungen von 39,8% bzw. 105,9% im Vergleich zu diesem Referenzwert.

Der Grund für die hohen Abweichungen sind in erster Linie die Geometrietoleranzen. Die schwierige Positionierung der Bohrungen führt zu einer hohen Abweichung der Lage der ersten Bohrung. Zudem sind die Wandstärken der Glaskapillare unterschiedlich, was zu verschiedenen Bohrungstiefen führt. Zwar ist der Einfluss der Tiefe auf das Gesamtsystem gemäß der Untersuchung aus Kap. 4.1.2.2 gering, jedoch weicht dieser Wert mit bis zu 50% ab (siehe Abmaße aus den CT-Daten aus Anhang VII). Mit einer hohen Abweichung der Viskosität und des Druckabfalls muss im späteren Gebrauch gerechnet werden, da die Patienten durch Fiebererkrankungen ihre Körpertemperatur und somit die Viskosität und den Antriebsdruck der Pumpe (siehe Kap. 1.3.2) verändern.

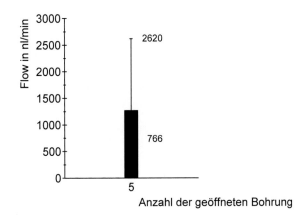

Abb. 4-11: Worst-Case-Szenario in der Vollzylinder-Variante

In einem Worst-Case Szenario des Modells MVZ5 kann der Durchfluss statt der erwarteten 1272 nl/min zwischen 766 nl/min und 2620 nl/min betragen.

## 4.2 Variante Röhrchen

In diesem Unterkapitel werden die Ergebnisse der Röhrchen-Variante vorgestellt. Zunächst werden die ermittelten Permeabilitätswerte aller Röhrchensorten zusammengefasst. Anhand dieser Werte wurden Simulationen durchgeführt, die im darauffolgenden Abschnitt dargestellt werden. Die Untersuchung der Klebstoffeindringtiefe ist im dritten Unterabschnitt zu finden. Die Flowergebnisse und eine Fehlerbetrachtung mithilfe der Simulationen runden dieses Unterkapitel ab.

### 4.2.1 Permeabilitätsmessung und Vergleich der Messung mit der Simulation

Zur Bestimmung der Permeabilität der sechs Proben aus Tab. 3-5, die unterschiedliche Porengrößen besitzen und z.t. mit 3-nm-$ZrO_2$-Partikel infiltriert sind, werden die Proben gemäß der Beschreibung aus Kap. 3.2.1 vorbereitet und an den Messstand angeschlossen. Die gemessenen Flowwerte bei verschiedenen Drücken sind in Abb. 4-12 graphisch zusammengefasst. Wie erwartet ist der Durchfluss geringer, je kleiner die Poren sind. Zudem hat die Infiltration der Röhrchen einen messbaren Einfluss auf den Flowwiderstand.

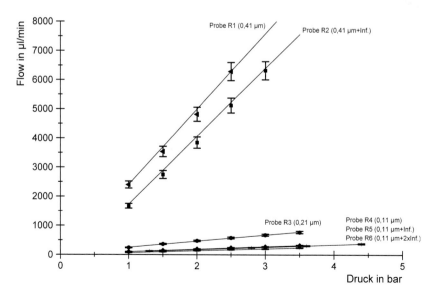

Abb. 4-12: Messungen zur Bestimmung der Permeabilität

Anhand der Durchflusswerte bei verschiedenen Drücken wird die Permeabilität der Röhrchen R1 bis R6 ermittelt.

Die Probe R6 (mit einer durchschnittlichen Porengröße von 0,11 µm und zweifacher Infiltration) zeigt den niedrigsten Flow. Dagegen zeigt die nicht-infiltrierte Probe R1 mit den großen Poren von 0,41 µm den höchsten Flow. Anhand dieser Flowwerte ist abschätzbar, dass für den geforderten Flowbereich von unter 2,8 µl/min nur die Proben R4, R5 und R6 in Betracht kommen. Daher werden die Permeabilitätsmessungen dieser Proben durch eine weitere Messreihe verifiziert. Die Messwerte für R4, R5 und R6 der zweiten Messreihe sind in Abb. 4-13 dargestellt. Nach den Messungen werden die Geometrien der Proben, hierzu gehören beispielsweise die Wandstärke und die Länge, am optischen Mikroskop (Keyence VHX 600) gemessen. Im Anhang X sind Beispiele der Mikroskop-Aufnahmen zu finden. Mithilfe der Darcy-Gleichung (2.3), in der die Wandstärke der Röhrchen als Weglänge $\Delta x$ durch das poröse Medium gilt, wird die Permeabilität berechnet.

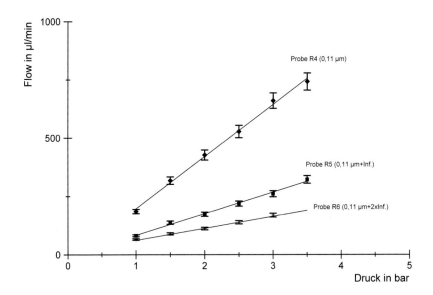

Abb. 4-13: Weitere Messungen zur Bestimmung der Permeabilität

Eine weitere Permeabilitätsmessung der Röhrchen R4, R5 und R6 dient zur Verifizierung der ersten Messergebnisse.

Die errechneten Permeabilitätswerte sind in Abb. 4-14 dargestellt. Für die Proben R4 bis R6 wird der Durchschnittswert aus den beiden Messreihen genommen. Für die

Probe R6 ergibt sich für die Permeabilität in der ersten Messung der Wert $3{,}24 \cdot 10^{-17}$ m² und in der zweiten Messung $3{,}52 \cdot 10^{-17}$ m². Dies ergibt einen Durchschnittswert von $3{,}38 \cdot 10^{-17}$ m². Bei den Durchschnittswerten besitzt R6 eine um den Faktor 76 kleinere Permeabilität als die Probe R1. Ein genauer Rückschluss darauf, wie die Permeabilität durch die Infiltration gesenkt wird, ist anhand dieser wenigen Messungen nicht möglich. Im Vergleich zu den Messungen aus der Vollzylinder-Variante liegen hier die Messwerte näher an der Regressionslinie.

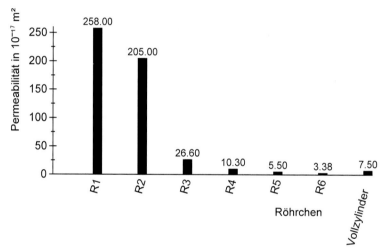

Abb. 4-14: Permeabilitätswerte für das Al₂O₃-Röhrchen.

Die Probe R6 mit den kleinsten Poren besitzt eine Permeabilität von $3{,}38 \cdot 10^{-17}$m² und hat damit eine deutlich niedrigere Durchlässigkeit als die Vollzylinder-Proben mit $7{,}50 \cdot 10^{-17}$m².

**Vergleich der Messungen mit der Simulation**

Auch in der Röhrchen-Variante erfolgt ein Vergleich zwischen der Permeabilitätsmessung und dem Ergebnis der Simulation. Für die Simulation wird ein Modell generiert, das die Proben aus der Permeabilitätsmessung nachbildet (vergl. Abb. 3-13 bzw. Abb. 3-15), und Simulationen unter denselben Randbedingungen (z.B. Druckabfall, Temperatur des Fluids) ermöglicht. Der Vergleich erfolgt mit dem Röhrchen R5. Der Messwert und die Simulationen mit den Randbedingungen sind in Tab. 4-2 zu finden.

Tab. 4-2: Vergleich der Simulationswerte mit der Messung

| Simulation | | | Messung |
|---|---|---|---|
| Voxellänge in μm | Genauigkeit | Simulationswert in μl/min | Flow in μl/min |
| 30 | $10^{-6}$ | 185,28 | 175 (±5%) |
| 25 | $10^{-6}$ | 185,41 | |
| 20 | $10^{-6}$ | 184,75 | |
| 15 | $10^{-6}$ | 184,76 | |
| Parameter:<br>Druck 2,5 bar<br>Permeabilität $5,50 \cdot 10^{-17}$ m$^2$<br>Länge 20 mm<br>Durchmesser 2,75 bzw. 3,75 mm<br>Dynm. Viskosität $0,934 \cdot 10^{-3}$ Pa·s | | | Druck: 2,51 bar<br>(±0,25%) |

Die Simulationen wurden bei einer Auflösung von 30, 25, 20 und 15 μm Voxellänge durchgeführt. Die Ergebnisse liegen bei ca. 185 μl/min und variieren zwischen den Auflösungen von 30 μm und 15 μm um 0,52 μl/min. Der gemessene Durchfluss beträgt 175 μl/min (±8,75 μl/min) und weicht somit um ca. 10 μl/min (5,4%) von der Simulation ab. Diese Differenz wird als gering erachtet. Daher kann durch weitere Simulationen eine Abschätzung des Durchflusses erfolgen.

### 4.2.2 Simulationsergebnisse in der Röhrchen-Variante

Mit den ermittelten Permeabilitäten werden Simulationen des Drosselkonzepts durchgeführt, in denen verschiedene Stiftpositionen berücksichtigt werden. Die Simulationsergebnisse der Röhrchen R2, R3, R5 und R6 sind graphisch in Abb. 4-15 dargestellt. Daraus ist zu erkennen, dass die Röhrchen R2 und R3 sich kaum im geforderten Bereich zwischen 70 und 2800 nl/min[20] (gepunktete, rote Linie) befinden. Daher sind diese Röhrchen nicht für die Anwendung in der implantierbaren Infusionspumpe geeignet. Röhrchen R5 mit einer einzigen Infiltration deckt einen Flowbereich von ca. 300 bis 8000 nl/min ab und mit einer weiteren Infiltration zeigt Röhrchen R6 einen Flowbereich von ca. 200 bis 5600 nl/min. Auch wenn Röhrchen R6 nicht den minimal geforderten Durchfluss von 70 nl/min erreicht, ist es dennoch für weitere Untersuchungen geeignet. Da in diesem Forschungsprojekt in erster Linie das Funktionsprinzip der Drossel analysiert wird, können die Röhrchen bei erfolgreicher Erfüllung des Funktionsprinzips für die spätere Marktreife modifiziert werden. Beispielsweise kön-

---

[20]   Pumpenvariante 2, siehe Tab. 1-2, S. 11

nen kleinere Porengrößen durch feinere Sinterkörner zu einem niedrigeren Durchfluss führen. Oder aber auch weitere Infiltrationen und eine Änderung der Geometrie, wie z.b. die Vergrößerung der Keramiklänge oder die Verkleinerung der Quer schnittsfläche, führen zu einem niedrigeren Durchfluss.

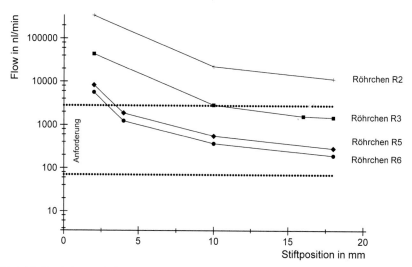

Abb. 4-15: Simulationsergebnisse in der Röhrchen-Variante

Die Proben R5 und R6 decken den geforderten Bereich von 70 nl/min bis 2800 nl/min nahezu ab. Dagegen sind wegen der zu hohen Flowwerte die Röhrchen R2 und R3 nicht für das Implantat geeignet.

Der Grund für die logarithmische Darstellung der Flow-Achse ist die anschauliche Darstellung der hohen Werte für R2 und der niedrigen Werte für R6 in einem Diagramm.

### 4.2.2.1 Einflussgrößen der einzelnen Parameter auf den Durchfluss

In diesem Abschnitt werden die Einflussgrößen der einzelnen Parameter auf das Gesamtsystem durch Simulationen bestimmt. Dabei werden die Parameter des Röhrchentyps R6 um 10% verändert. Die Ergebnisse sind in einem Balkendiagramm in Abb. 4-16 zusammengefast. Der erste Wert mit 1229 nl/min ist der des Röhrchen R6 bei einer Stiftposition von 4 mm ohne eine 10%-ige Änderung und dient als Referenz für die Simulationen mit den 10%-igen Änderungen.

In dem Diagramm ist in erster Linie zu erkennen, dass der Außendurchmesser den größten Einfluss hat. Eine Vergrößerung des Außendurchmessers um 10% führt zu einer 43%-igen Änderung der Querschnittsfläche. Der Durchfluss ist mit 1651 nl/min um 34% höher als der Referenzwert (1229 nl/min). Die Änderung des Außendurchmessers und des Flows kann aufgrund einer 3-D-Strömung nicht gleich sein, denn die Flüssigkeit strömt nicht allein in Längsrichtung durch die Poren, da sie vom Spalt in Querrichtung in die Keramik einfließt. Aus diesem Grund gibt es keinen linearen Zusammenhang zwischen der Änderung des Außendurchmessers und der daraus resultierenden Änderung des Flows.

Wird der Innendurchmesser um 10% geändert, ändert sich die Querschnittsfläche um 21%. Gemäß der Simulation führt diese Änderung zu einem um 13% höheren Flow. Aus einer um 10% kürzere Länge zwischen der Stiftspitze und dem Austrittsbereich resultiert eine um 9% höherer Durchfluss. Die Änderung der Spalthöhe führt zu keiner Flowänderung. Wie auch in der Vollzylinder-Variante verändern sich die Parameter für Permeabilität, Druck und Viskosität in demselben Verhältnis.

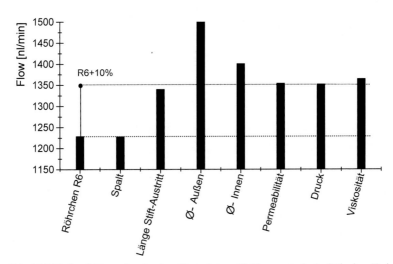

Abb. 4-16: Einflussfaktoren der einzelnen Drossel- bzw. Fluidparameter in der Röhrchen-Variante.

Alle Parameter des Röhrchenmodells R6 wurden einzeln um 10% verändert und simuliert. Die daraus resultierenden Ergebnisse zeigen den Einfluss der Parameter.

### 4.2.3 Fertigungsspezifische Lösungsmethode: Die Beklebung

Die Eindringtiefe des Klebstoffs in die Poren der Keramik wird anhand von Raster-elektronenmikroskop-Aufnahmen untersucht. Hierfür erfolgt ein Sputtern mit Gold, nachdem der Klebstoff ausgehärtet ist. Im Folgenden werden die Aufnahmen, beginnend mit Proben, die mit dem niedrig-viskosen Kleber behandelt wurden, vorgestellt.

Für ein Vergleich wird das Gefüge eines unbehandelten Röhrchens als Referenz gewählt (siehe Abb. 4-17). Da in dieser Untersuchung die Ränder des porösen Röhrchens berücksichtigt werden, ist der Rand der Probe abgebildet. Hier sind zum einen die Sinterkörner und zum anderen die freien Volumen (Poren), die durchströmt werden, deutlich zu erkennen.

Abb. 4-17: Aufnahme am Randbereich eines unbehandelt $Al_2O_3$-Röhrchens als Referenzbild. Sinterkörner und dazwischen liegende Poren sind gut zu erkennen.

In Abb. 4-18 sind die Aufnahmen der Probe, die mit dem niedrig-viskosen Zweikomponentenklebstoff infiltriert ist, zu finden. Im linken Bild ist der Rand der Probe, an dem der Klebstoff aufgetragen wurde, zu sehen. Die rechte Abbildung wurde im Materialinneren mit einem Abstand von ungefähr 100 µm aufgenommen. Aus beiden Bildern ist deutlich zu erkennen, dass der Kleber bis in das Innere eindringt. Dieser Klebstoff ist, wie angenommen, nicht für die Montage geeignet.

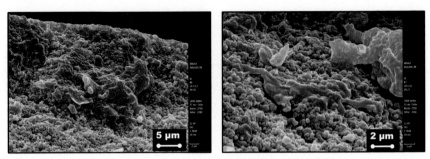

Abb. 4-18: Porenstruktur nach der Aufbringen eines Zweikomponentenklebstoffes.

Links: Randbereich eines mit niedrigviskosem, 2-K-Klebstoff beschichtetem $Al_2O_3$-Röhrchen. Der Kleber dringt in die Poren zwischen den Sinterkörnern ein.

Rechts: Inneres des Röhrchens: Der Klebstoff ist auch in das Innere eingedrungen.

Anders dagegen ist es mit dem hochviskosen UV-Kleber (Loctite 5248), dessen Beispiel in Abb. 4-19 dargestellt ist. Die linke Abbildung zeigt den Randbereich der Probe. Hier ist deutlich zu erkennen, dass der Klebstoff in das Material eingedrungen ist. Wird jedoch das Materialinnere bei einem Abstand von 100 µm zum Rand analysiert, erkennt man, dass hier kein Klebstoff eingedrungen ist (rechte Abbildung). Die Strukturen sind vergleichbar mit denen des unbehandelten Röhrchens aus Abb. 4-17. Die Sinterkörner und Poren sind hier genauso gut zu erkennen wie bei dem unbehandelten Röhrchen.

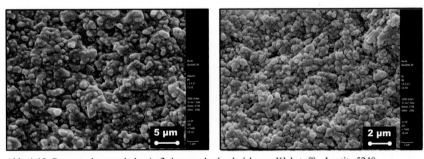

Abb. 4-19: Porenstruktur nach der Aufbringung des hochviskosen Klebstoffes Loctite 5248

Links: Randbereich eines mit hochviskosem Klebstoff beschichteten $Al_2O_3$-Röhrchens. Auch der hochviskose Kleber dringt in den Randzonen des Röhrchens ein.

Rechts: Inneres des Röhrchens: Hier ist kein Klebstoff vorhanden, die Poren sind frei.

Mit Hilfe des Rasterelektronenmikroskops wurde an gebrochenen Keramikröhrchen festgestellt, dass hochviskose und schnell-härtende Klebstoffe (Loctite 5248, UV härtend, Viskosität: 65.000 mPa·s) bis maximal 100 µm eindringt. Für eine gute Haftung des Klebstoffes an der Keramik ist ein gewisses Eindringen vorteilhaft.

### 4.2.4 Durchflussmessungen

Im Folgenden werden die Flowergebnisse der Proben R6-1, R6-2 und R6-3 vorgestellt. Bei den Messungen wird der Stift auf zwei Arten bewegt, zum einen in 0,1 mm-Schritten mit einer anschließenden Pause von 10 Minuten und zum anderen in Schritten von 0,5 mm auch mit einer jeweiligen Pause von 10 Minuten. Mit der ersten Bewegungsart wurden drei Zyklen (Herein- und Herausführen des Stiftes) durchgeführt und gemessen. Mit der zweiten Bewegungsart waren ebenfalls drei Zyklen anvisiert, da jedoch ein Zyklus der zweiten Bewegungsart in einer kürzeren Zeit vollzogen wurde, wurden hier mehr als drei Zyklen durchgeführt. Zu Beginn ist der Stift um 4 mm in die Keramik eingeführt. Da aber ein 2 mm langer Austritt bis zur beklebten Mantelfläche vorhanden ist, beträgt die Weglänge der Flüssigkeit durch die Poren die restlichen 2 mm. Dies ist in der Abb. 3-17 (siehe S. 72) als die Länge $l_{St-A}$ dargestellt. Der Stift wird um insgesamt 14 mm mit den entsprechenden Bewegungsarten bewegt und somit eine Stiftposition von 18 mm erreicht.

**Probe R6-1**

In Abb. 4-20 ist die Flowmessung der Probe R6-1 mit der ersten Bewegungsart des Stiftes dargestellt. In der oberen Graphik ist die gesamte Messung und in der unteren jeweils der erste und dritte Zyklus zu finden. Die rote Kurve zeigt die gemessenen Flowwerte an, deren y-Achse sich links befindet. Die Stiftposition wird anhand der blauen Kurve, die eine Trapezform besitzt, dargestellt. Dessen y-Achse ist rechts zu finden. Diese Kurve zeigt, wie der Stift in die Keramik mehrmals hinein und dann wieder heraus bewegt wird. Beide Kurven werden über der Zeit aufgetragen.

Die Messung beginnt bei 2189 nl/min (Stiftposition 4 mm) und sinkt bis 242 nl/min (Stiftposition 18 mm) ab. Wird der Stift wieder bis zur Stiftposition von 4 mm zurückgefahren, steigt der Durchfluss auf ca. 2900 nl/min. In den nächsten Zyklen beträgt der Durchfluss bei der Stiftposition von 4 mm ca. 2900 nl/min. Im ersten Zyklus sinkt der Flow beim Einführen des Stiftes in die Keramik kontinuierlich bis zur Stiftposition von 15 mm ab. Hier, an Punkt ①, steigt der Durchfluss leicht, obwohl der Stift weiter eingeführt wird und die Weglänge durch die Poren verlängert wird. Danach bleibt der Durchfluss annähernd konstant, bis der Stift wieder aus der Drossel herausgezogen wird. Beim Herausziehen gibt es eine kontinuierliche Erhöhung des Durchflusses.

Auch in den übrigen zwei Zyklen kommt es an derselben Stiftposition (15 mm) zu einer unerwarteten Erhöhung des Durchflusses beim Einführen des Stiftes in die Keramik. Beim Herausziehen jedoch entsteht ein starkes Rauschen ab der Stiftposition bei 8 mm, wie beispielsweise an Punkt ②.

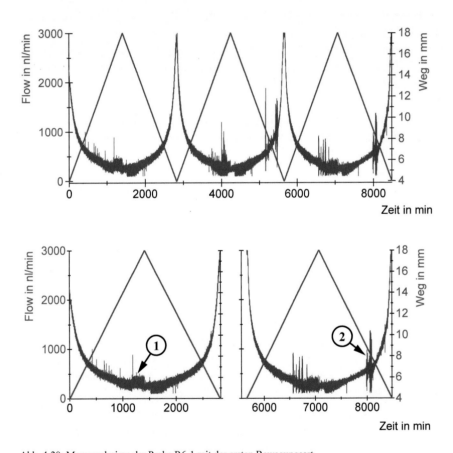

Abb. 4-20: Messergebnisse der Probe R6-1 mit der ersten Bewegungsart
Beim Hinein- und Herausbewegen des Stiftes variiert der Durchfluss zwischen ca. 240 nl/min und 2900 nl/min.

Um einen Vergleich zwischen den Flowwerten beim Ein- und Ausführen des Stiftes zu haben, sind die Stiftpositionen im mittleren Bereich von 12,0 bis 14,0 mm des dritten Zyklus' ausgewählt und die Flowwerte in Tab. 4-3 aufgetragen. Bei diesen ausgewählten Messpunkten weicht der zu derselben Stiftposition gehörende Durchfluss maximal um 30 nl/min (7,9%) zwischen dem Einführen und Herausziehen des Stiftes ab (Stiftposition 13,0 mm). Aber auch eine Differenz von nur 1,2% ist zu beobachten (Stiftposition 13,5 mm). Die beim Ausführen des Stiftes gemessenen Werte sind alle kleiner als die Werte während der Einführungsbewegung gemessenen. Hierbei ist zu berücksichtigen, dass diese gemittelten Werte aus einem mit hohem Rauschen gemessenen Flowverlauf stammen. Zudem können die Messwerte in diesem Bereich lediglich mit einer Sensorgenauigkeit von 17,5 nl/min bzw. 20,3 nl/min aufgezeichnet werden.

Tab. 4-3: Auszug aus dem dritten Messzyklus (Probe R6-1, erste Bewegungsart)
Für einen Vergleich zwischen den Flowwerten beim Ein- und Ausführen des Stiftes wurden die Zahlenwerte aus dem Messdiagramm ausgewählt.

| Stiftposition in mm | Flow in nl/min | | Differenz in nl/min | |
|---|---|---|---|---|
| | beim Einführen | beim Ausführen | | |
| 12,0 | 406 (±20,3) | 393 (±17,5) | 13 | 3,3% |
| 12,5 | 388 (±17,5) | 369 (±17,5) | 19 | 4,9% |
| 13,0 | 379 (±17,5) | 349 (±17,5) | 30 | 7,9% |
| 13,5 | 339 (±17,5) | 335 (±17,5) | 4 | 1,2% |
| 14,0 | 301 (±17,5) | 321 (±17,5) | 20 | 6% |

Eine neue Messreihe mit der zweiten Bewegungsart (0,5 mm Schrittweite) wurde durchgeführt, deren Ergebnis in Abb. 4-21 zu finden ist. In der oberen Graphik ist die gesamte Messung mit neun Bewegungszyklen zu sehen. Der erste und der letzte Zyklus sind in den unteren Abbildungen vergrößert dargestellt. Beim Einführen des Stiftes verringert sich der Durchfluss stetig bis zur Stiftposition von 17 mm (Punkt ①). An dieser Stelle erhöht sich der Flow und bei weiterer Bewegung bleibt der Wert annähernd konstant. Dies ist bei allen Messzyklen zu beobachten. Beim Herausziehen des Stiftes gibt es eine stetige Flowerhöhung ohne unerwartete Veränderungen. Auch an der Stiftposition von 17 mm ist nichts Außergewöhnliches zu beobachten. Das Rauschen ist weiterhin vorhanden. Die Messung beginnt mit dem ersten Zyklus bei einem Durchfluss von 2400 nl/min an der Stiftposition von 4 mm und sinkt auf 225 nl/min (Stiftposition 17 mm) bzw. 274 nl/min (Stiftposition 18 mm) ab. Beim Herausziehen des Stiftes stellt sich ein Flow von 2423 nl/min ein. In den übrigen Zyklen stellen sich Durchflüsse zwischen ca. 250 nl/min und 2400 nl/min ein. Im Vergleich zur Messung mit der ersten Bewegungsart ist die Amplitude des Rauschens etwas schwächer. Die

Amplitude aus der ersten Messung beträgt ca. 50 nl/min, wohingegen in der zweiten Messung diese um 20 nl/min geringer ist. Der Durchfluss bei vollständiger Einführung des Stiftes (Stiftposition 18 mm) ist bei beiden Messungen nahezu identisch und liegt bei rund 250 nl/min. Befindet sich der Stift an der Mindestposition (4 mm), so liegt eine Differenz von 500 nl/min vor (2400 nl/min bzw. 2900 nl/min).

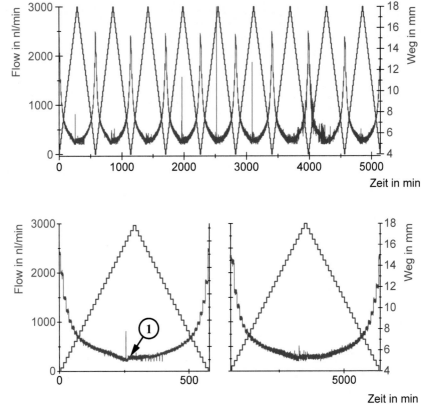

Abb. 4-21: Messergebnisse der Probe R6-1 mit der zweiten Bewegungsart

Beim Hinein- und Herausbewegen des Stiftes variiert der Durchfluss zwischen ca. 250 nl/min und 2400 nl/min.

**Probe R6-2**

Die Messung der Probe R6-2 mit der ersten Bewegungsart ist in Abb. 4-22 dargestellt. In der oberen Graphik ist die gesamte Messung mit den drei Zyklen dargestellt, in den unteren Abbildungen die Vergrößerungen der ersten und der dritten Zyklen. Im ersten Zyklus gibt es eine stetige Abnahme bzw. Zunahme des Flows beim Ein- und Ausführen des Stiftes. Auffällig ist ein starkes Rauschen zwischen der Stiftposition von 11 mm und der von 18 mm (Punkt ①) während des Einführens. So ein starkes Rauschen ist beim Herausziehen des Stiftes nicht vorhanden. Beim Herausziehen sind lediglich einige einzelne, hohe Peaks ab der Stiftposition 6,5 mm (Punkt ②) zu sehen. Der erste Zyklus beginnt bei einem Durchfluss von 2478 nl/min (Stiftposition bei 4 mm) und sinkt bis auf 371 nl/min (Stiftposition 18 mm) ab. Beim Herausführen des Stiftes stellt sich ein Durchfluss von 2342 nl/min wieder ein. Im dritten Zyklus wird vor dem Einführen bzw. nach dem Herausziehen des Stiftes (beide an der Stiftposition von 4 mm) ein Flow von 2217 nl/min bzw. 2125 nl/min erreicht. Bei der maximalen Eindringtiefe (18 mm) wurde ein Durchfluss von 361 nl/min gemessen. In diesem dritten Zyklus war erneut ein verstärktes Rauschen beim Einführen, jedoch diesmal ab der Stiftposition von 9 mm (Punkt ③), zu beobachten. Beim Herausziehen des Stiftes gibt es ab der Stiftposition bei 12 mm (Punkt ④) erneut einen unerwarteten Flowverlauf, bei dem der Durchfluss sprungartig steigt und nach ungefähr 0,5 mm wieder sprungartig sinkt. Anschließend ist ein höheres Rauschen als gewöhnlich zu beobachten. Der zweite Zyklus zeigt an denselben Stiftpositionen ähnliche Phänomene und ähnliche Flowwerte.

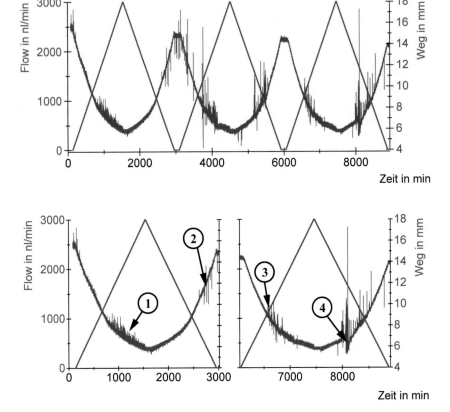

Abb. 4-22: Messergebnisse der Probe R6-2 mit der ersten Bewegungsart

Beim Hinein- und Herausbewegen des Stiftes variiert der Durchfluss zwischen ca. 360 nl/min und 2200 bzw. 2400 nl/min.

Auch die gemittelten Werte der Proben R6-2 zwischen den Stiftpositionen von 12 bis 14 mm des dritten Zyklus werden in einer Tabelle dargestellt (siehe Tab. 4-4). Bis auf die Werte an der Stiftposition von 12,0 mm sind die Werte beim Herausführen geringer als beim Einführen. Am Punkt ④ (beim Herausziehen des Stiftes an der Stiftposition von 12,0 mm im dritten Zyklus) wird im Bereich der sprungartigen Flowänderung mit 1 036 nl/min ein um 39,8% höherer Flow als bei der Einfuhr des Stiftes gemessen. Die Flowwerte an der Stiftposition bei 13,5 mm sind um 13,6% verschieden. Bei den übrigen Werten überlappen sich die Ungenauigkeitsbereiche.

Tab. 4-4: Auszug aus dem dritten Messzyklus (Probe R6-2, erste Bewegungsart)

| Stiftposition in mm | Flow in nl/min | | Differenz in nl/min | |
|---|---|---|---|---|
| | beim Einführen | beim Ausführen | | |
| 12,0 | 741 (±37,1) | 1 036 (±51,8) | -295 | 39,8% |
| 12,5 | 663 (±33,2) | 630 (±31,5) | 33 | 5,0% |
| 13,0 | 621 (±31,1) | 567 (±28,4) | 54 | 8,7% |
| 13,5 | 601 (±30,1) | 519 (±30,0) | 82 | 13,6% |
| 14,0 | 541 (±27,1) | 516 (±25,8) | 25 | 4,6% |

Die Ergebnisse der Probe R6-2 mit der zweiten Bewegungsart sind in Abb. 4-23 dar-gestellt. Die gesamte Messung (obere Abbildung) besteht aus sechs Zyklen, der erste und sechste Zyklus wird in den unteren Abbildungen illustriert. Im Allgemeinen ist das Rauschen, wenn man die unerwarteten Ausschläge im zweiten und fünften Zyklus außer Acht lässt, im Vergleich zur Messung mit der ersten Bewegungsart etwas schwächer. Die Amplitude des Rauschens liegt bei ungefähr 20 nl/min und ist um 5 nl/min geringer als die der ersten Messung. Beim Einführen des Stiftes (Punkt ①) sind wenige einzelne Peaks zu beobachten. Die Zu- und Abnahme des Durchflusses durch die Stiftbewegung ist stetig. Auch der letzte Zyklus weist einen stetigen Flowverlauf ohne unerwartete Ausschläge auf. Der Flow des ersten Zyklus' ändert sich von 2238 nl/min auf 424 nl/min und steigt wieder auf 2371 nl/min beim Ein- und Ausführen des Stiftes. Betrachtet man die gesamte Messung, so liegen die Werte für die Stiftposition von 4 mm zwischen den Werten des ersten Zyklus an derselben Stift-position (2238 nl/min und 2371 nl/min). Die Minimalwerte aller sechs Zyklen liegen bei ca. 430 nl/min. Im sechsten Zyklus verläuft der Durchfluss von 2203 nl/min auf 430 nl/min und beim Ausfahren auf 2206 nl/min. Wichtige Beobachtungen sind, wie bereits erwähnt, das starken Rauschen und die sprungartigen Flowänderungen im zweiten und fünften Zyklus (wie beispielsweise an den Punkten ② und ③).

Vergleicht man die Flowergebnisse zwischen der ersten Messung mit der ersten Be-wegungsart und der zweiten Messung mit der zweiten Bewegungsart, so ist eine Diffe-renz von bis zu 70 nl/min zwischen den Minimalwerten (361 nl/min und 430 nl/min) zu verzeichnen. Eine eindeutige Abweichung der Maximalwerte ist nicht bestimmbar, da in der ersten Messung die Maximalwerte im Bereich zwischen 2200 und 2400 nl/min und in der zweiten Messung zwischen 2200 und 2300 nl/min liegen und sich überlappen.

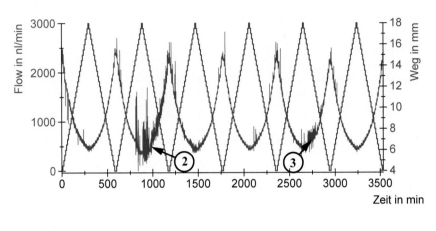

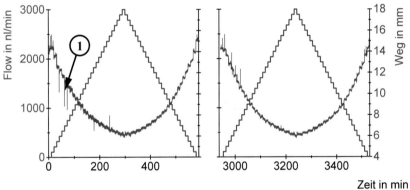

Abb. 4-23: Messergebnisse der Probe R6-2 mit der zweiten Bewegungsart

Beim Hinein- und Herausbewegen des Stiftes variiert der Durchfluss zwischen ca. 430 nl/min und 2200 bzw. 2300 nl/min.

**Probe R6-3**

In Abb. 4-24 ist der Flowverlauf der Probe R6-3 mit der ersten Bewegungsart darge-stellt. Wie in den vorherigen Abbildungen auch ist die gesamte Messung mit drei Zyk-len in der oberen Graphik zu finden, der erste und dritte Zyklus sind separat in den un-teren Graphiken abgebildet. Im ersten Zyklus ist ein starkes Rauschen der Messung zu sehen (Punkt ①). Das Rauschen verringert sich in den weiteren Messzyklen. Im ersten Zyklus ist beim Hinein- und Herausbewegen des Stiftes eine Flowänderung von 1516 nl/min auf 262 nl/min und danach auf 1440 nl/min zu beobachten. Zudem wer-den sprunghafte Flowänderungen wie beispielsweise an der Stiftposition von 7 mm (Punkt ②) gemessen. Im dritten Zyklus hat sich das System beruhigt und ein Flowverlauf von 1369 nl/min auf 276 nl/min und wieder auf 1153 nl/min wird aufge-zeichnet. Beim Herausziehen an der Stiftposition von 5,5 mm (Punkt ③) ist eine sprunghafte Flowänderung zu beobachten. Während der gesamten Messung ist an der Mindest-Stiftposition von 4 mm eine von 1516 nl/min auf 1153 nl/min sinkende Ten-denz zu beobachten (von i bis iv).

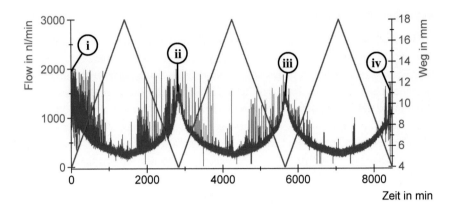

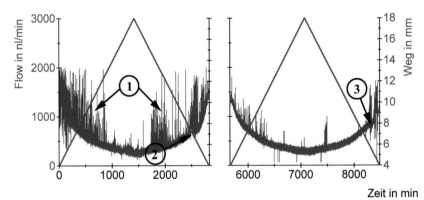

Abb. 4-24: Messergebnisse der Probe R6-3 mit der ersten Bewegungsart

Beim Hinein- und Herausbewegen des Stiftes variiert der Durchfluss zwischen ca. 270 nl/min und einem Maximalwert, der mit jedem Zyklus geringer wird.

Die Werte aus dem dritten Zyklus für die Stiftpositionen 12,0 bis 14,0 mm sind in Tab. 4-5 zu finden. Erneut sind die Werte beim Ausführen des Stiftes kleiner als beim Einführen. Die Werte weichen um weniger als 10% ab. Bis auf die Werte an der Stiftposition bei 13,5 mm überlappen sich die Genauigkeitsbereiche.

Tab. 4-5: Auszug aus dem dritten Messzyklus (Probe R6-3, erste Bewegungsart)

| Stiftposition in mm | Flow in nl/min | | Differenz in nl/min | |
|---|---|---|---|---|
| | beim Einführen | beim Ausführen | | |
| 12,0 | 416 (±20,8) | 393 (±17,5) | 23 | 5,5% |
| 12,5 | 405 (±20,3) | 384 (±17,5) | 21 | 5,2% |
| 13,0 | 386 (±17,5) | 376 (±17,5) | 10 | 2,6% |
| 13,5 | 394 (±17,5) | 357 (±17,5) | 37 | 9,4% |
| 14,0 | 362 (±17,5) | 347 (±17,5) | 15 | 4,2% |

Die Flowergebnisse der Probe R6-3 mit der zweiten Bewegungsart sind in Abb. 4-25 zu finden. Auch hier ist der erste Zyklus stark vom Rauschen geprägt, das sich von Zyklus zu Zyklus vermindert. Vergleicht man alle Flowwerte an der Stiftposition von 4 mm, so ist ein Unterschied von weniger als 60 nl/min zu sehen. Die Flowwerte an dieser Stiftposition liegen im Bereich von 1152 nl/min und 1209 nl/min. Der erste Zyklus beginnt, wie bereits erwähnt, bei einem Flowwert von 1152 nl/min, der beim Ein- und Ausführen des Stiftes auf 270 nl/min und wieder auf 1182 nl/min steigt. Im letzten Zyklus verringert sich der Flow beim Einführen des Stiftes von 1182 nl/min auf 279 nl/min und steigt danach mit dem Ausführen auf 1186 nl/min an. In allen Messzyklen sind sprungartige Flowänderungen zu beobachten (Punkte ① bis ④), wobei im dritten Zyklus diese Änderungen stärker ausgeprägt sind als bei den übrigen vier Zyklen.

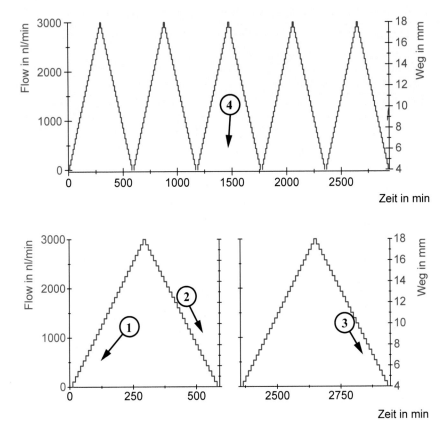

Abb. 4-25: Messwerte für die Probe R6-3 mit der zweiten Bewegungsart

Beim Hinein- und Herausbewegen des Stiftes ändert sich der Durchfluss zwischen 270 nl/min und 1200 nl/min.

## 4.2.5  Simulierung von Worst-Case-Szenarien: Röhrchen

In diesem Abschnitt werden die beiden Worst-Case-Fälle, die zu einem möglichen Maximal- und Minimaldurchfluss führen, anhand von Simulationen vorgestellt. Dabei werden alle Parameter aus der Simulation mit dem Röhrchentyp R6 an der Stiftpositi- on 4 mm mit den maximalen Abweichungen verändert. Die Ergebnisse sind in Abb. 4-26 zu finden. Der Balken zeigt den Simulationswert von 1229 nl/min des Röhrchenmodells ohne die Abweichungen. Die beiden Extremfälle sind in dieser Graphik als Fehlerbalken dargestellt. Gemäß den Simulationen kann in den Worst-Case-Fällen der Durchfluss sowohl 713 nl/min als auch 3713 nl/min betragen. Dies entspricht eine Abweichung von 516 nl/min (58%) bzw. 2484 nl/min (202%) zum Referenzwert. Auch hier sind, wie in der Vollzylinder-Variante, die potentiellen Abweichungen so hoch, dass das Drosselsystem nicht reif für die Produktion in der Industrie ist. Beispielsweise sind die Herstelltoleranzen der Innen- und Außendurchmesser so hoch, dass die Wandstärke mit großen Abweichungen behaftet ist. Im Worst-Case-Fall, der zu einem maximalen Flow führt, ist die Wandstärke 0,4 mm dick und weicht vom Nennmaß (0,55 mm) um 27% ab. Im zweiten Worst-Case-Fall, der zu einem minimalen Flow führt, weicht die Wandstärke (0,74 mm) um 34% ab. Durch eine Optimierung der Fertigung können diese Abweichungen verringert werden. Zum Beispiel kann eine höhere Wandstärke ausgewählt werden, damit Abweichungen der Innen- bzw. Außendurchmesser keinen hohen Einfluss haben. Im Gegenzug zu einer höheren Wandstärke muss die Permeabilität bzw. die Länge der Keramik angepasst werden.

Es darf nicht außer Acht gelassen werden, dass bei der gewählten Stiftposition von 4 mm im „Bereich I" des Flowverlaufs $\dot{V}{\sim}1/x$ (siehe Abb. 3-1, S. 47) kleine Änderungen der Weglänge $\Delta x$ zu großen Flowänderungen führen. Würde eine Stiftposition mit einer höheren Eindringtiefe gewählt bzw. eine Stiftposition bei der ein größerer Flowweg $\Delta x$ durch die Poren der Keramik auftritt, haben Änderungen des $\Delta x$ aufgrund des Zusammenhangs $\dot{V}{\sim}1/\Delta x$ einen geringeren Einfluss auf den Flow.

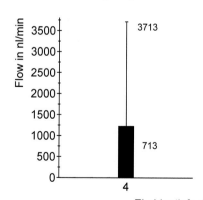

Abb. 4-26: Worst-Case-Szenario in der Röhrchen-Variante

Für den Fall, dass der Stift sich 4 mm in der Keramik befindet, kann in Worst-Case Szenarien der Durchfluss 713 nl/min bzw. 3713 nl/min aufgrund von Abweichungen betragen.

# 5 Zusammenfassung, Diskussion und Ausblick

In dieser Arbeit wurden zwei Konzepte entwickelt, mit denen Durchflüsse im Bereich von einigen Nanolitern pro Minute realisiert werden. Hierfür werden poröse Vollzylinder und Röhrchen als Drosselkörper verwendet und anhand von Konstruktionen die Einstellung des Durchflusses verwirklicht.

In den folgenden Unterkapiteln werden die Ergebnisse beider Drosselvarianten zunächst getrennt voneinander zusammengefasst und anschließend folgt eine gemeinsame Diskussion.

## 5.1 Variante Vollzylinder

In diesem Unterkapitel soll zunächst auf die Tätigkeiten in der Entwicklung der Drosselvariante mit der Vollzylinderkeramik eingegangen werden. Die Ergebnisse aus der Vollzylinder-Variante werden erörtert und ein Ausblick für die Weiterentwicklung gegeben.

### 5.1.1 Zusammenfassung

In der Vollzylinder-Variante wurde zuerst die Permeabilität der Keramiken ermittelt. Die Vollzylinderkeramik besitzt eine Permeabilität von $7,5 \cdot 10^{-17}$ m$^2$. Bei der Verifizierung der Permeabilitätsmessung durch Simulationen liegen die Werte der Messung und Simulation bei einer Auflösung von 30 µm sehr nah beieinander, weshalb feinere Auflösungen aufgrund der hohen Rechenzeiten nicht nötig sind. Mit dieser Auflösung wurden Simulationen der Modelle MVZ1 bis MVZ6 durchgeführt, die Durchflüsse zwischen 140 nl/min und 1600 nl/min abhängig der eingestellten Anzahl an geöffneten Bohrungen zeigen. Das Modell MVZ2 wurde für weitere Untersuchungen ausgewählt, da die Bohrungsgeometrien für eine Fertigung gut geeignet sind. Bei der Untersuchung der vier Bohrungsmethoden „konventionelles Bohren", „Diamantbohren", Ultraschallbohren" und „Excimer-Laser und Schleifen" wurde anhand von REM-Aufnahmen festgestellt, dass der Bohrungsgrund nach der Behandlung mit dem Ultraschallbohrer die Porenstruktur am geringsten beschädigt ist. Diese Bohrungsmethode wurde ausgewählt und zwei Messreihen zur Bestimmung des Durchflusses wurden durchgeführt. Bei der Flowmessung wurden zwei Messmethoden angewandt, in der zum einen ein Stempel durch eine radiale Bewegung („Konstruktionsaufbau Radial") und zum anderen ein Stift durch eine axiale Bewegung („Konstruktionsaufbau Axial"), die für die Weiterentwicklung geeignet ist, die Bohrungen öffnen und schließen. Bei verschiedenen Proben wurden Durchflüsse zwischen 100 nl/min und 1600 nl/min gemessen. Damit wird der geforderte Flowbereich der Pumpenvariante 1 (70- 1400 nl/min, siehe Kap. 1.4, S. 13) annähernd vollständig abgedeckt. Bei der axialen Messmethode musste ein Vorversuch gestartet werden, in der die Stiftpositionen, bei denen eine bestimmte Anzahl an Bohrung verschlossen ist, ermittelt wurden. In dem darauf folgenden Iterationsschritt wurde eine Messung mit 100 Zyklen gestartet. Dabei hat sich gezeigt, dass die Flowwerte des ersten und letzten Zyklus sich kaum voneinander unterscheiden. Dies zeigt, dass die erzielten Flowwerte reproduzierbar sind. In einer anschließenden Fehlerbetrachtung mithilfe von Simulationen wurde deutlich, dass eine Optimierung erfolgen muss, in der die Herstelltoleranzen minimiert werden sollten.

## 5.1.2 Diskussion

**Permeabilitätsmessung**

Die beiden Flowverläufe für die Proben VZA und VZB verlaufen gemäß den Erwartungen aus den Geometrieabmaßen. Probe VZA hat zum einen eine kürzere Länge (11,78 mm) und zum anderen einen größeren Durchmesser (1,15 mm) als Probe VZB (12,2 mm bzw. 1,13 mm). Dies führt zu höheren Flowwerten. Werden die Flowwerte und die Geometrien in der Darcy-Gleichung berücksichtigt, so ergibt sich eine Differenz von 4,4% zwischen den beiden berechneten Permeabilitätswerten.

**Simulation**

Die Simulationen liefern Ergebnisse, die den Erwartungen aus den Informationen der Geometriedaten entsprechen. Hat der Abstand $a$ der ersten Bohrung einen kleinen Wert, so ist der Durchfluss hoch. Werden die Bohrungen einzeln verschlossen, so ist der Durchfluss abhängig von der nächst geöffneten Bohrung. Zudem führt eine höhere Bohrungstiefe zu höheren Durchflüssen.

Bei der Verifizierung der Permeablitätsmessung wurde eine *Auflösung* (Voxellänge) des Simulationsmodells ausgewählt, die zum einen fein genug ist, um gute Ergebnisse zu erhalten, und zum anderen grob genug ist, um die Simulationszeit klein zu halten. Dank der CT-Aufnahmen konnte jede Probe durch die *Simulationsmodelle* nachgebildet werden. Die *Abbruchkriterien* wurden so definiert, dass durch immer feiner werdende Simulationsgenauigkeit sich das Ergebnis nicht um mehr als 10 nl/min von der Konvergenz unterscheidet (Näheres hierzu ist in Kap 2.2.7 zu finden).

**Fertigungsspezifische Lösungsvarianten: Bohrungsmethoden**

Zur Untersuchung des Bohrungsgrundes wurde von jedem Bohrverfahren nur eine Probe ausgewählt, da die zeitliche Kontingenz zur Nutzung der REM-Anlage beschränkt war. Dies reicht nicht aus, um eine allgemeingültige Aussage zu treffen. Dennoch wurde das Ultraschallbohren bevorzugt, da zum einen der Bohrungsgrund sehr offenporig ist und zum anderen eine um 80% geringere Kraft im Vergleich zum konventionellen Bohrverfahren auf das Werkstück wirkt und dadurch weniger Proben zerbrechen.

**Durchflussmessung**

Es ist von großer Bedeutung, dass vor der Flowmessung eine Entlüftung der Proben am Ultraschallbad bei hoher Temperatur durchgeführt wird. Luftblasen wirken bei unterschiedlichen Bedingungen verschiedenartig auf den Durchfluss [102, 103]. Deshalb ist der Einfluss der Luftblasen auf das Drosselsystem unvorhersehbar bzw. unbekannt. Die Flowverläufe der Proben US10, US30, US40 und US50 unterscheiden sich, da eine gewisse Herstelltoleranz der Geometrien vorhanden ist (siehe CT-Daten im Anhang VII).

Die Flowergebnisse:

Bei der Vorstellung der Flowergebnisse wurde festgestellt, dass die Probe US40 im Vergleich zu US10 und US30 einen höheren Durchfluss aufzeigt, obwohl die entscheidenden Abmaße für den Abstand $a$ und die Bohrungstiefe sehr ähnlich sind („Ungereimtheit I"). Dies gilt für den Zustand, bei dem alle Bohrungen geöffnet sind. Auffällig ist auch, dass die gemessenen Flowwerte der US40 höher sind als die Flowwerte in der Simulation und die Flowwerte der US10 und der US30 niedriger als deren Simulationswerte. Außerdem hat die Probe US50 mit dem größten Abstand $a$ nicht den niedrigsten aufgezeichneten Flowwert („Ungereimtheit II").

Eine mögliche Erklärung für die beiden Ungereimtheiten sind potentielle Fehler beim Ablesen der Abmaße aus den CT-Aufnahmen. Man bedenke, dass die Bohrungen eine konische Form besitzen und zum anderen die Stirnseite der Keramiken nicht planar ist (siehe Anhang VII). Daher ist beim Messen nicht genau definiert, an welcher Stelle sich die Stirnseite befindet. Aus diesen fehlerhaften Informationen leiten sich auch fehlerhafte Modelle für die Simulation ab. Eine weitere mögliche Erklärung ist, dass der Bohrungsgrund unterschiedlich offenporig ist. Da man auf externe Hilfe angewiesen ist, ist es nicht möglich jeden Bohrungsgrund an einem REM zu untersuchen. Außerdem können mögliche Luftblasen, die sich im System befinden, die Flowergebnisse verfälschen, obwohl diese Annahme eher unwahrscheinlich ist, da die Proben im Ultraschallbad vorbehandelt werden.

Eine weitere Feststellung aus den Flowmessungen ist die Tatsache, dass in dem Fall, dass alle Bohrungen verschlossen sind, die Tendenz zu erkennen ist, dass je länger die Keramiken sind, desto niedriger der Durchfluss ist.

Abweichung zwischen Messung und Simulation:

Es gibt Simulationswerte, die sich mit 1% kaum von den gemessenen Flowwerten unterscheiden, jedoch weichen andere Werte der Simulationen mit bis zu 26% von der Messung ab. Auffällig ist, dass im Zustand mit drei geöffneten Bohrungen bis zum Zustand mit einer geöffneten Bohrung die Abweichung zwischen Simulation und Messwert steigt. Der Grund hierfür ist, wie bereits erwähnt, eine Überlappung der Geometriedaten und deren Abweichungen. Es ist schwierig, jedes Geometriemaß originaltreu zu modellieren und diese in der Simulation gut aufzulösen. Zum anderen haben die Flowsensoren bei Messungen unter 400 nl/min eine Messungenauigkeit von 17 nl/min, d.h., dass bei kleineren Flowraten (also wenn weniger Bohrungen geöffnet sind) der relative Messfehler größer ist.

Im Zustand mit ausschließlich verschlossenen Bohrungen sind die Abweichungen gering. Hier ist der bedeutende Parameter die Keramiklänge (das Nennmaß beträgt 12 mm) und kann mit einem kleineren relativen Messfehler abgelesen werden. Aufgrund dessen ist die Interpretation der Geometrie auf das Flowverhalten realistischer als im Zustand mit allen geöffneten Bohrungen, in der der Abstand $a$ (Nennmaß 0,5 mm) eine wichtige Rolle spielt. Denn der relative Messfehler bei Maßen von Abstand $a$ um die 0,5 mm ist höher als bei 12,0 mm.

Reproduzierbarkeit:

Durch das zehnmalige Öffnen und Schließen der Bohrungen wurde festgestellt, dass sich Durchflüsse mit einer Abweichung bei derselben Anzahl an geöffneten Bohrungen einstellen, die gleich oder geringer als die Sensorgenauigkeit ist (siehe Anhang XII). Auch in der axialen Messmethode variieren die Durchflusswerte aus den einzelnen Zyklen nicht höher als die Sensorgenauigkeit. Daraus ist zu erschließen, dass die Proben reproduzierbare Ergebnisse liefern. In Abb. 5-1 sind die gemessenen Flowwerte für die Probe US50 mit der axialen und radialen Messmethode zum Vergleich dargestellt. Tendenziell zeigen die Werte aus der radialen Messung höhere Werte als bei der axialen Messung. Die Messgenauigkeiten jedoch überlappen sich und teilweise liegen die gemessenen Flowwerte im Ungenauigkeitsbereich der anderen Messmethode.

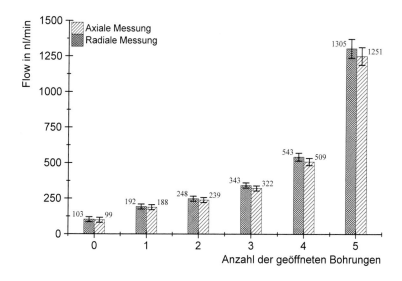

Abb. 5-1: Vergleich der Messwerte von der Probe US50 aus der axialen und radialen Messmethode

Die grünen Balken demonstrieren die Flowwerte des ersten Messzyklus aus der axialen Methode. Die blauen Balken sind die Messungen aus der radialen Methode.

Zwei Iterationsschritte im „Konstruktionsaufbau Axial":

In der axialen Messmethode müssen zuerst die Stiftpositionen ermittelt werden, an denen die Verschließung der Bohrungen eindeutig zugeordnet werden können. Denn bei der Einfuhr des Stiftes ist es nicht eindeutig klar, inwieweit der Stift abdichtet. Erst im nächsten Schritt können die entsprechenden Stiftpositionen direkt angefahren werden. Dies ist für die Weiterentwicklung zu einem marktfähigen Produkt wichtig zu beachten.

Hohe Abweichungen der Geometrien:

Es wurde gezeigt, dass die Durchflüsse einer Probe sich unabhängig von den Messzyklen und -methode kaum unterscheiden, wogegen der Unterschied zwischen zwei Proben trotz einer analogen Vorbereitung und Messung ziemlich groß ist. Dies liegt an den großen Abweichungen der Geometrien. Beispielsweise hat die Probe US50 eine Länge von 13,16 mm und ist damit um 9,7% größer als der Nennmaß mit 12,00 mm. Außerdem ist die Stirnfläche nicht planar, weshalb der Abstand zur Eintrittsseite nicht eingehalten werden kann. Die Worst-Case-Szenarien zeigen mögliche Flowwerte, die aus diesen großen Abweichungen resultieren. Möglichkeiten zur Verbesserung bzw. Marktfähigkeit der Vollzylinder-Variante wird im Abschnitt „Ausblick" vorgestellt.

### 5.1.3 Ausblick

Wie bereits erwähnt, müssen in einer Optimierungsphase die Geometrieabweichungen minimiert werden. In erster Linie muss die Zylinderform des Drosselkörpers verbessert werden, indem die Stirnfläche planar und nicht gewölbt hergestellt wird bzw. keine Schrägen enthält. Dass die Keramiken eine Länge bis zu 13,16 mm besitzen, zeigt eine schwer kontrollierbare Fertigung der Proben. Wichtig ist aber auch die Geometrie der Bohrungen. Zur Erzielung von homogenen Bohrungsabständen werden folgende Punkte vorgeschlagen:

- Zwei Glaskapillaren mit unterschiedlichen Innen- und Außendurchmesser werden miteinander verschmolzen (siehe Abb. 5-2). Anhand der Unterschiede im Innendurchmesser entsteht ein Anschlag für die Keramik und damit eine definierte Lage der Stirnfläche. Die Abstände der Bohrungen beziehen sich auf diesen Anschlag. Da aber mit einer Brechung des Glases gerechnet werden muss und dieser Anschlag aufgrund dessen nicht eindeutig zu erkennen ist, sollen sich auch die Außendurchmesser für die Sichtbarkeit dieser Verbindungsstelle unterscheiden. Da an einem Laser die Bohrungen viel präziser platziert werden können als an Bohr- bzw. Ultraschallbohranlagen, empfiehlt es sich mit dem Laser die Stelle der Bohrungen vor dem Ultraschallbohren zu markieren.

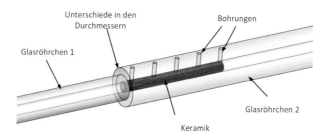

Abb. 5-2: Verbesserungsvorschlag in der Vollzylinder-Variante

Zwei Glaskapillare mit unterschiedlichen Innen- und Außendurchmessern werden miteinander verschmolzen. Ein Ende der Keramik befindet sich an der Verbindungsstelle der beiden Glaskapillaren. Damit ist die Lage der Keramik eindeutig definiert und die Positionierung der Bohrungen wird dadurch genauer als bisher.

- Die Glaskapillare haben unterschiedliche Wandstärken und besitzen daher eine unterschiedliche Tiefe der Bohrungen. Deshalb wird vorgeschlagen, dass noch bevor die poröse Keramik in die Glaskapillare eingeschmolzen wird, die Bohrungen in die Glaskapillare gefertigt werden. Da man dadurch nicht an der Keramik bohrt, gibt es keinen Abtrag an der Keramik. Der Bohrungsgrund wäre in diesem Falle die Oberfläche der Keramik. Es muss berücksichtig werden, dass sich durch den Schmelzprozess die Bohrungen verformen. Dies führt zwar zu Abweichungen im Bohrungsdurchmesser, jedoch zeigt die Untersuchung des Einflusses der Geometrieparameter (siehe Kap. 4.1.2.2), dass eine Abweichung der Bohrungsdurchmesser kaum Einwirkung auf das Gesamtsystem hat (siehe Abb. 4-3, S. 87).

- Weitaus schwieriger aber dennoch vorstellbar ist, mit dem Verzicht auf Glas, die Herstellung beider Bauteile (Kapillare und Vollzylinder) aus demselben Material, wobei die Kapillare keine und der Vollzylinder die erwünschte Porosität aufweist. Beide Bauteile können zusammen oder auch getrennt voneinander gesintert werden

Mit diesen Vorschlägen können die Abweichungen so minimiert werden, dass sie zu reproduzierbaren Flowergebnissen zwischen verschiedenen Proben führen.

## 5.2 Variante Röhrchen

Auch für die Röhrchen-Variante folgen nun eine Zusammenfassung und eine Diskussion über die erzielten Ergebnisse.

## 5.2.1 Zusammenfassung

Für diese Drosselvariante wurden die Röhrchen R1 bis R6 mit den Porengrößen zwischen 0,41 µm und 0,11 µm entwickelt, wobei einige der Proben für einen höheren Flowwiderstand mit 3-nm-$ZrO_2$-Partikeln einfach bzw. doppelt infiltriert wurden (vergleiche Tab. 3-5). Mit der Permeabilitätsmessung wurden die Werte zwischen $258 \cdot 10^{-17}$ m$^2$ (Probe R1) und $3,38 \cdot 10^{-17}$ m$^2$ (Probe R6) ermittelt, wobei der niedrigste Wert aller Röhrchen-Proben im Vergleich zur Vollzylinder-Variante ($7,50 \cdot 10^{-17}$ m$^2$) um mehr als die Hälfte geringer ist. Ein Vergleich zwischen der Permeabilitätsmessung und der Simulation zeigte, dass auch hier eine Voxellänge von 30 µm eine gute Auflösung für weitere Simulationen ist. Die anschließenden Simulationen zur Abschätzung der Flowwerte sagten Flowwerte im oberen Bereich der Anforderungen (70- 1400 nl/min bzw. 70- 2800 nl/min) voraus. Daher wurde die Probe R6 mit dem niedrigsten Flowbereich für weitere Untersuchungen ausgewählt. Bevor die Flowmessungen begannen, wurde die Eindringtiefe des Klebstoffes untersucht und dabei festgestellt, dass der hochviskose UV-Klebstoff Loctite 5248 maximal 100 µm in die Keramik eindringt. Anhand von drei Proben (R6-1, R6-2 und R6-3) wurden Durchflussmessungen mit zwei Bewegungsarten, zum einen in 0,1 mm Schritten mit einer 10 minütigen Pause zwischen den Schritten und zum anderen mit 0,5 mm Schritten und einer gleich langen Pause, durchgeführt. Die Minimal- und Maximalwerte sind in Tab. 5-1 zusammengefasst. Die Flowwerte sind nicht reproduzierbar, selbst bei Durchführung mehrerer Messzyklen wurden, zumindest bei der Stiftposition von 18 mm, die zu einem Maximalflow führt, nicht dieselben Flowwerte erzielt. Nur die Minimalwerte des R6-3 sind identisch und die des R6-1 sind nahezu identisch. Auch wenn in dieser Drosselvariante der geforderter Flowbereich von 70 nl/min bis 2800 nl/min (Pumpenvariante 2) nicht erreicht wurde, kann durch die Anpassung der Permeabilität und den Geometrien des Röhrchens (Länge, Durchmesser) die erwünschte Anforderung erzielt werden.

Tab. 5-1: Kurze Zusammenfassung der Flowergebnisse in der Röhrchen-Variante

| Probe | Stiftbewegung | Minimalwert in nl/min | Maximalwert in nl/min |
|---|---|---|---|
| R6-1 | 1. Bewegungsart | 240 (±17,5) | 2900 (±145) |
| | 2. Bewegungsart | 250 (±17,5) | 2400 (±120) |
| R6-2 | 1. Bewegungsart | 361 (±17,5) | 2125 (±106) − 2478 (±124) |
| | 2. Bewegungsart | 430 (±21,5) | 2200 (±110) -2300 (±115) |
| R6-3 | 1. Bewegungsart | 270 (±17,5) | (sinkend auf) 1153 (±58) |
| | 2. Bewegungsart | 270 (±17,5) | 1200 (±60) |

## 5.2.2 Diskussion

**Permeabilitätsmessung**

In Tab. 5-2 sind die Permeabilitätswerte der Röhrchen R1, R3 und R4 (alle drei Röhrchen besitzen keine Infiltration) aufgelistet. Die Porengröße dieser drei Röhrchen ist um jeweils die Hälfte kleiner. Durch die Halbierung der Porengröße von 0,41 µm (R1) auf 0,21 µm (R3) erfolgt eine Änderung der Durchflusseigenschaft um 1/9,7. Eine weitere Verkleinerung der Porengröße um die Hälfte des Wertes (von 0,21 µm auf 0,11 µm) führt zu einer 1/2,6-fachen Änderung der Permeabilität.

Tab. 5-2: Porengröße und Permeabilität der Röhrchen R1, R3 und R4

| Probe | R1 | | R3 | | R4 |
|---|---|---|---|---|---|
| Porengröße in µm | 0,41 | ▪▪1/2➡ | 0,21 | ▪▪1/2➡ | 0,11 |
| Permeabilität $\kappa$ in $10^{-17}$ m² | 258,00 | ▪▪1/9,7➡ | 26,60 | ▪▪1/2.6➡ | 10,30 |

In Tab. 5-3 sind die Permeabilitätswerte der Proben R4 bis R6 mit demselben Trägermaterial (Porengröße 0,11) zum Vergleich abgebildet. Durch eine einfache Infiltration des R4 erhält man eine Permeabilität für R5, die rund 1/1,9 des Wertes für R4 beträgt. Eine weitere Infiltration führt zu einer weiteren um Faktor 1/1,6 niedrigere Permeabilität. Zwar ist der Effekt durch die Infiltration nicht so groß wie bei der Verkleinerung der Poren, aber dennoch ist diese Methode aufgrund des geringen Entwicklungsaufwand lohnenswert.

Einen eindeutigen Rückschluss auf den Einfluss der Verkleinerung der Porengröße und der Infiltration lässt sich nicht ableiten, denn nicht nur die Porengröße, sondern auch die Porengrößenverteilung und die Form der Porengeometrie (siehe Abb. 2-11, S. 33) haben einen Einfluss auf den Durchfluss.

Tab. 5-3: Permeabilitätswerte der Röhrchen R4, R5 und R6

| Probe | R4 | | R5 | | R6 |
|---|---|---|---|---|---|
| Porengröße in µm | 0,11 | | | | |
| Infiltration | - | | 1x | | 2x |
| Permeabilität $\kappa$ in $10^{-17}$ m$^2$ | 10,30 | ••1/1,9➡ | 5,50 | ••1/1,6➡ | 3,38 |

**Simulation**

Wie bereits in der Zusammenfassung erwähnt, zeigen die Simulationen, dass der minimal geforderte Durchfluss von 70 nl/min nicht erzielt wird.

Da die Simulationen für die Röhrchen R2, R3, R5 und R6 sich nur an den Permeabilitätswerten unterscheiden, werden die Verhältnisse der Simulationswerte hier näher betrachtet. Für einen Vergleich werden die Verhältnisse der Permeabilitätswert und die Verhältnisse der Simulationswerte zwischen den Röhrchen a.) R2:R6; b.) R3:R6 und c.) R5:R6 gebildet. Es errechnen sich dieselben Verhältnisse von a.) 60,6; b.) 7,8 und c.) 1,6; unabhängig davon ob man die Verhältnisse der Permeabilitäts- oder der Simulationswerte bildet. Bei der Bildung der Verhältnisse der Simulationswerte können alle Stiftposition (4 mm, 10 mm oder 18 mm) gewählt werden.

Da die Verhältnisse für a.), b.) und c.) zwischen den Permeabilität- und den Simulationswerten gleich sind, hätte es genügt nur den Flowverlauf eines Röhrchens zu simulieren. Wird zu dieser Simulation das Verhältnis der Permeabilitäten zu einem zweiten Röhrchen multipliziert, so werden damit die Simulationswerte des zweiten Röhrchen ermittelt, ohne dass man für das zweite Röhrchen eine Simulation durchführen müsste.

**Fertigungsspezifische Lösungsvarianten: Eindringtiefe des Klebstoffs**

Nach einer Untersuchung für einen geeigneten Klebstoff zur Montage des Röhrchens in das Drosselgehäuse wird das Loctite 5248 bevorzugt. Für eine eindeutige Aussage genügt es jedoch nicht, nur eine einzige Probe analysiert zu haben. Daher muss die Anzahl der Proben erhöht werden, um auch eventuelle Ungereimtheiten festzustellen.

**Durchflussmessungen**

In der Diskussion über die Flowmessungen werden die Flowwerte, die Diffusion und der geforderter Flowbereich thematisiert.

Die Flowwerte:

Bei den Flowmessungen sind einige unerwartete Flowverläufe aufgetreten. Diese sind:

a. An einigen Stellen tritt eine sprungartige Flowänderung auf. Beispiele hierfür sind an der Stiftposition 15 mm und 17 mm der Messung mit der Probe R6-1 mit beiden Bewegungsarten zu finden.

b. Während der Messung herrscht ständiges Rauschen. Auffällig ist, dass das Rauschen bei den Messungen mit der zweiten Bewegungsart abnimmt.

c. Die Flowwerte an bestimmten Stiftpositionen unterscheiden sich nicht nur von Probe zu Probe oder von Bewegungsart zu Bewegungsart, sondern auch vom Messzyklus zu Messzyklus. Beispielsweise zeigt die Messung mit der Probe R6-3 mit der ersten Bewegungsart, dass an der Stiftposition von 4 mm unterschiedliche Flowwerte erzielt werden.

Ein Grund für a. und c. liegt in der Verformung der Polymerdichtung, die aufgrund der Belastung durch den Stift entsteht. Durch die Bewegung des Stiftes entstehen Kräfte, die das Polymermaterial in Bewegung setzen, so dass dadurch ein Stauchen bzw. ein Dehnen (beim Ein- bzw. Ausführen des Stiftes) entsteht. Das Polymer ist unter ständiger Spannung. Für eine Veranschaulichung wurde die Drossel durch ein durchsichtiges PMMA-Gehäuse nachgebildet (siehe Abb. 5-3). In dieser Abbildung ist der Stift bis an die Position von 18 mm eingeführt worden. Durch die Verstauchung knickt sich das Material nach links ab (siehe Vergrößerung aus Abb. 5-3). Durch diese Verformung ist unklar, inwieweit der Stift abdichtet, unabhängig davon in welcher Stiftposition er sich befindet. Dies ist zudem abhängig von den Geometrieabweichungen des Röhrchens (Innendurchmesser) und den Abweichungen der Polymerdichtung (Außendurchmesser).

Zusätzlich zu der Verformung der Polymerdichtung können sich trotz Entgasung Luftblasen im System befinden, die die Ungereimtheiten verstärken.

Das in b. erläuterte Rauschen entsteht durch die sich im System befindende Luft und durch Schwingungen der Polymerdichtung. Die Umströmung entlang der elastischen

Polymerdichtung und Temperaturschwankungen können die elastische
Polymerdichtung zu Schwingungen anregen.

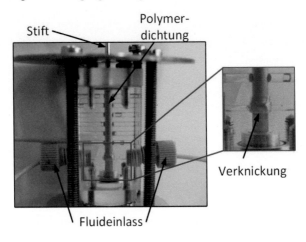

Abb. 5-3: Nachbildung der Röhrchen-Variante mit einem durchsichtigen Gehäuse

Zusammenfassend kann gesagt werden, dass durch die Verformung (Stauchung und
Dehnung) und die daraus entstehende Verknickung der Polymerdichtung die unterschiedlichen Flowwerte an derselben Stiftposition und die sprungartigen Änderungen
im Flowverlauf erklärt werden können. Die Elastizität der Luft und der
Polymerdichtung führt zum Rauschen bei der Aufzeichnung der Messwerte.

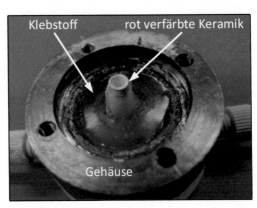

Abb. 5-4: Diffusion durch die Polymerdichtung

Diffusion:

Eine weitere Problematik ist die Diffusion in die Polymerdichtung bzw. in die Klebe-schicht. Ein Nachweis für Diffusion in der Röhrchen-Variante ist anhand der Abb. 5-4 gegeben. Die Keramik ist nach einer Messung mit einer rötlichen Farbe beschlagen. Diese Farbe stammt aus einer Markierung des Stiftes, die zur Positionierung verwen-det wird. Bevor man die Probe an den Messstand anschließt und die Messung startet, wird der Stift an die Nullposition gebracht und diese Stelle mit einer roten Farbe am Stift markiert. Die Messung beginnt, indem die Nullposition zuerst angefahren wird. Während der Messung hat sich die rote Markierung vom Stift gelöst und ist durch Dif-fusion durch die Polymerdichtung bis zur Keramik gewandert.

Eine mögliche Folge von Diffusion ist ein Ausfall der Infusionspumpe. Denn das herausdiffundierte Fluid kann an den elektronischen Bauteilen, die für die Bewegung des Stiftes nötig sind, anhaften und diese durch Korrosion lahm legen.

Die Diffusion kann auch die Auflösung des Klebstoffs von der Keramik verursachen. Dies ist für die spätere Anwendung mit der Anforderung von einer Lebensdauer von acht Jahren zu berücksichtigen. Nach den Messungen, die einige Tage gedauert hat, fühlt sich der Klebstoff weicher an als vor der Messung. Eine Auflösung des Kleb-stoffs innerhalb dieser kurzen Zeit gab es nicht. Das Problem mit der Diffusion in den Klebstoff kann umgangen werden, indem, wie auch in der Vollzylinder-Variante, statt des Klebstoffs eine Glaskapillare an die äußere Mantelfläche eingeschmolzen wird. Aufgrund der fortgeschrittenen Zeit in diesem Projekt konnte eine erfolgreiche Ver-bindung einer Glaskapillaren an die Mantelfläche der Keramik nicht durchgeführt werden[21]. Für diesen Entwicklungsschritt muss eine Glaskapillare mit demselben Wärmeausdehnungskoeffizienten wie die Keramik ausgewählt werden, damit keine Risse während des Kühlvorgangs entstehen. Zudem muss eine gute Anhaftung an die Keramik gewährleistet werden, sodass keine Bypass-Strömung entstehen.

Geforderter Flowbereich:

Neben diesen unerwarteten Flowverläufen werden auch in dieser Variante die gefor-derten Flowbereiche zwischen 70 nl/min und 1400 nl/min (Pumpenvariante 1) und 70 nl/min und 2800 nl/min (Pumpenvariante 2) nicht abgedeckt. In den Messungen

---

[21] Bei der Fa. Hassa Laborbedarf (Lübeck) wurden Glaskapillare aus Bohrsilikat 3.3. an die Röhr-chen angeschmolzen. Bei einigen Proben haben sich nach dem Abkühlen Risse in der Glaskapilla-ren entwickelt. Andere Proben, bei denen es nicht zu Rissen in der Glaskapillare kam, wiesen eine schlechte Anhaftung an die Keramik auf, so dass dies eine Bypass-Strömung zur Folge hatte.

wurde der niedrigste Wert an der Probe R6-3 mit 270 nl/min gemessen. Die Maximal-werte sind nicht konstant (siehe Tab. 5-1), weshalb ein Durchfluss von 2800 nl/min nicht sicher eingestellt werden kann. Um den Minimalflow von 70 nl/min zu erzielen, genügt es nicht, die Länge der Keramik zu erhöhen. Denn die 20 mm lange Keramik müsste auf das Vierfache vergrößert werden. Eine gute Möglichkeit, um einen gerin-geren Flow zu erreichen, ist die Querschnittsfläche zu verkleinern. Da aber die Kera-mik eine Wandstärke von 0,55 mm besitzt, sollte bei der Verkleinerung der Querschnittsfläche nicht die Wandstärke verkleinert werden, da sonst die Keramik leicht zerbrechlich ist.

### 5.2.3 Ausblick

Da sich die Verformung der Polymerdichtung schwierig kontrollieren lässt, wird in dieser Arbeit die Weiterentwicklung dieser Variante nicht empfohlen. Eine Erläute-rung hierzu ist im nächsten Unterkapitel zu finden.

Neben der Verhinderung der Verformung des Polymers müssen die Geometrien und die Permeabilität für den geforderten Flowbereich angepasst werden. Wie bereits er-wähnt, muss die Eindringtiefe des Klebers anhand von mehreren Proben weiter unter-sucht werden. Zudem müssen Materialien für den Klebstoff bzw. die Polymerdichtung ausgewählt werden, die keine bzw. in einem minimalen Maße eine Diffusion zulassen. Für den Fall, dass die Diffusion nicht komplett zu verhindern ist, muss eine Untersu-chung nach den möglichen Folgen geführt werden.

### 5.3 Gesamtdiskussion

In diesem Unterkapitel wird eine Empfehlung aus dem beiden Drosseltypen ausge-sprochen, die Änderungen in der späteren Anwendung als Implantat im Vergleich zu den hier unter Laborbedingungen erzielten Ergebnissen erläutert und ein allgemeiner für beide Varianten zutreffender Ausblick vorgestellt.

**Empfehlung aus einer der beiden Varianten: die Vollzylinder-Drossel**
Vergleicht man beide Drosselvarianten, so stellt man fest, dass die Vollzylinder-Variante erfolgsversprechender ist. Ungereimtheiten, die in der Röhrchen-Variante entstehen (unstetiger Flowverlauf, Verknickung der Polymerdichtung aufgrund von Belastung) und zu nicht reproduzierbaren Ergebnissen führen, verringern die Möglich-keit zur Marktreife. Denn die Verformung der Polymerdichtung ist nicht zu verhindern und schwierig zu kontrollieren. Zudem sind die Diffusion durch die Polymerdichtung

und der damit verbundene Ausfall der Pumpe zu berücksichtigen. Durch geeignete Optimierungen der Geometrien (Bohrungsabstände) ist in der Vollzylinder-Variante ein reproduzierbarer Durchfluss möglich. Des Weiteren entsteht in der Vollzylinder-Variante kein Rauschen wie in der Röhrchen-Variante, sondern ein konstanter Flow, der sich nach jedem Öffnen oder Schließen der Bohrungen innerhalb von einigen Sekunden einstellt. Die Diffusion durch den Schlauch in der Vollzylinder-Variante darf nicht außer Acht gelassen werden. Sie kann durch geeignete Materialien und die Dicke des Schlauches vermindert bzw. gehindert werden, jedoch muss dies untersucht werden.

**Einsatz als ein Bauteil in einem Implantat**
Eine wichtige Fragestellung richtet sich nach den möglichen Änderungen, wenn die Drosselvarianten als ein Bauteil des Implantats eingesetzt werden. Eine der wichtigsten Änderung ist die Erhöhung der Temperatur auf die Körpertemperatur von 37°C. Zunächst wird abstrahiert, indem die Materialausdehnungen der Keramik, der Glaskapillare und des Schlauches am Messstand als vernachlässigbar klein bzw. dessen Einfluss als niedrig erachtet werden. Nur die Viskositätsänderung wird berücksichtigt. Bei 37°C beträgt die Viskosität des Wasser 0,6915 mPa·s [104]. Wird diese Viskositätsänderung in der Darcy-Gleichung (2.3) berücksichtigt, so erhöht sich der Durchfluss während des Betriebes im Implantat um 35,1% im Vergleich zu den Werten unter Raum- bzw. Laborbedingungen. Für die Maximalwerte der Proben US10 bis US50 aus der Vollzylinder-Variante ist somit bei 37°C eine Änderung auf 1 831 nl/min (US10), 1 637 nl/min (US30), 2 189 nl/min (US40) und 1 690 nl/min (US50) zu erwarten. In der Röhrchen-Variante werden die Maximalwerte[22] 3 918 nl/min (R6-1), 2995 nl/min (R6-2) und 2 048 nl/min (R6-3) erwartet. Mit diesen Werten wird die Grenze zu einer Überdosierung mit 4 170 nl/min (siehe Anforderungsliste aus Tab. 1-2, S.13) nicht überschritten. Aber auch die Erhöhung der Körpertemperatur durch Fieber bis auf 40°C muss berücksichtigt werden. Wird wieder durch die Abstrahierung nur die Viskositätsänderung, die bei dieser Temperatur 0,6529 mPa·s beträgt, berücksichtigt, so ist mit einer Flowänderung um weitere 5,9% zu rechnen. Damit ist der Maximalwert des Röhrchen R6-1 mit 4 113 nl/min nah an der Grenze zur Überdosierung.

Außerdem stellt sich die Frage wie hoch der Gegendruck im Spinalraum ist, in der das Medikament appliziert wird. In dieser Arbeit wurde angenommen, dass der Druck im Spinalraum mit dem Umgebungsdruck gleich ist. Jedoch muss hier mit einer Abweichung gerechnet werden. Des Weiteren entsteht ein hoher Gegendruck beim

---

[22] Hier werden die Maximalwerte der ersten Bewegungsart berücksichtigt.

Verknicken des Katheters, was bei ungünstigem Sitzen oder Liegen des Patienten passieren kann.

**Ausblick für beide Drosselvarianten**

In den vorigen Abschnitten wurde für beide Keramikvarianten je ein Ausblick zur Verbesserung der jeweiligen Drosselsysteme gegeben. Da einige Verbesserungsvorschläge für beide Varianten gelten, werden diese nun in diesem Abschnitt vorgestellt.

Keramiken, die später in der Infusionspumpe eingesetzt werden, müssen die Bio- und Medikamenten-kompatibilität erfüllen. Die bisherigen Zulassungen für die Materialien $Al_2O_3$ (Keramikröhrchen) und $ZrO_2$ (Vollzylinder) in der Medizintechnik sagen nichts über die Bio- und Medikamentenkompatibilität der hier verwendeten Materialien aus, da es Unterschiede in den Materialien ($Al_2O_3$ bzw. $ZrO_2$) gibt und das Anwendungsgebiet verschieden ist. Keramiken werden verschieden gesintert und dabei unterschiedliche Temperaturen oder Bindemittel verwendet werden. In der Entwicklung von Hüftprothesen werden $Al_2O_3$-Keramiken bei 1600 bis 1800°C gepresst gesintert. Die Hüftimplantaten aus $ZrO_2$-Keramiken werden mit $Y_2O_3$ zur Stabilisierung dotiert [66].

In einer Untersuchung von Caronni wurde eine Verfärbung des Morphin bei einer Lagerung in $Al_2O_3$ nach sechs Monaten festgestellt [105]. Neben der Lagerzeit hat auch die Luftfeuchtigkeit eine Rolle gespielt. Nun stellt sich die Frage, ob während der Strömung durch die Keramiken auch Reaktionsmechanismen (zwischen Keramik und Medikament), die zu Medikamenteninkompatibilität führen, entstehen können.

Eine Prüfung der Bio- bzw. Materialkompatibilität muss erfolgen. Sind die hier verwendeten Materialien nicht bio- bzw. materialkompatibel, so können geeignetere Materialien entwickelt werden, die anhand der in dieser Arbeit gewonnen Ergebnisse und darin empfohlene Geometrie- und Permeabilitätseigenschaften besitzen.

Des Weiteren können die hier verwendeten Drosselsysteme, inklusive der Aktorik, ohne eine Miniaturisierung nicht in einem Implantat verwendet werden. Vorschläge für eine Miniaturisierung für beide Varianten ist in [106] zu finden.

## 5.4 Nachwort: weitere anvisierte, aber unerfolgreiche Ideen

Es war früh abzusehen, dass in der Röhrchen-Variante der geforderte Mindestflow von 70 nl/min nicht erreicht werden. Hierzu wurde eine Idee einer weiteren Drosselvariante verfolgt, die dasselbe Prinzip wie die Röhrchen-Variante nutzt und einen geringeren Durchfluss verspricht. Aus dieser Idee haben sich zwei weitere Vorschläge abgeleitet.

Diese werden nun in diesem Kapitel vorgestellt, wobei hier nicht in die Details gegangen wird, da keiner dieser Varianten funktioniert hat. Es werden lediglich die Funktionsprinzipien und die Gründe, warum diese Drosseltypen nicht funktioniert haben, erläutert.

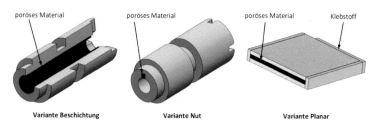

Abb. 5-5: Drei weitere Ideen zur Realisierung der Einstellbarkeit des Durchflusses: Variante Beschichtung, Nut und Planar

**Beschichtung**
Im ersten Vorschlag ist die Verkleinerung der Querschnittsfläche des Röhrchens vorgesehen. Dies soll durch eine dünne, poröse **Beschichtung** in einer Bohrung realisiert werden (Variante **Beschichtung**, siehe Abb. 5-5 links). Die Bohrung, die in einen Titanzylinder gefertigt wird, soll den um die Beschichtungsdicke größeren Durchmesser als der Innendurchmesser des Röhrchens besitzen. Die Beschichtung hat eine Dicke von 50 µm und wird vom Fraunhofer IKTS in Dresden hergestellt. Das Funktionsprinzip ist wie die des Röhrchens, in der dieselbe Polymerdichtung durch einen Stift den Innenbereich abdichtet und somit für einen einstellbaren Durchfluss sorgt.

Eine homogene Beschichtung konnte nicht in die Bohrung aufgetragen werden. Nach einem Schliff längs der Probe (siehe Abb. 5-6) wird sofort deutlich, dass die poröse Schicht nicht an der gesamten Bohrungsfläche anhaftet. In einer weiteren Untersuchung wurde die Probe eingebettet und anschließend in Querrichtung geschliffen (siehe Abb. 5-7). Auch hier ist zu erkennen, dass an manchen Stellen die Keramikschicht fehlt.

Aufgrund der Gravitation fließt der Grünling (Paste, die nach der Aushärtung zum porösen Material wird) während des Trockenvorgangs und eine inhomogene Schichtdicke entsteht. Für eine gleich dicke Schicht wurden verschiedene Methoden (ständiges Rollen der Proben, Verwendung von Heißluft) ausprobiert. Jedoch konnte keine zufriedenstellende Lösung gefunden werden.

Abb. 5-6: Schliffbild einer Probe aus der Variante Beschichtung

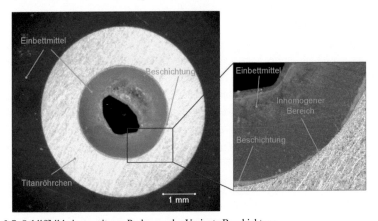

Abb. 5-7: Schliffbild einer weiteren Probe aus der Variante Beschichtung.

## Nut

Im zweiten Vorschlag wird eine **Nut** in eine Bohrung gefertigt (Variante **Nut**, Abb. 5-5 Mitte). Diese Nut soll mit porösem Material gefüllt werden. Es wurden drei Abmaße der Nut mit 0,5 mm x 0,5 mm, 0,8 mm x 0,8 mm, 1,0 mm x 1,0 mm gewählt, die jeweils 20 mm lang sind.

In der Idee hinter der Variante Nut steckt die Absicht das Fließen des Grünlings zu vermeiden, indem die zylindrische Probe in Längsrichtung während des Aushärtens des Grünlings gehalten wird. Damit sich der Grünling in einem definierten Bereich befindet, wird eine Nut in diese Bohrung gefertigt. Aus CT-Bildern ist ersichtlich, dass sich Lunker im porösen Material gebildet haben und somit auch diese Methode nicht geeignet ist. Der große Lunker an Stelle ① zeigt, dass die Nut nicht mit dem Grünling vollständig gefüllt wurde. Beim Trocknen schrumpft das Material, so dass sich Kanäle bilden, wie beispielsweise an Stelle ②. Außerdem haftet, auch aufgrund des Schrumpfens, die Keramik nicht an den Oberflächen der Nut, wie es in ③ zu sehen ist. Die Schwierigkeit besteht darin, ein Volumen (die Nut) in der kleinen Bohrung (Durchmesser der Bohrung beträgt 2,75 mm) über eine Länge von 20 mm zu füllen.

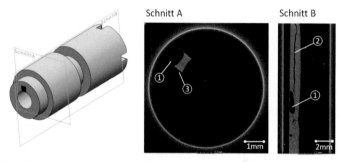

Abb. 5-8: CT-Aufnahmen einer Probe aus der Variante Nut

Die Nut ist nicht vollständig mit der porösen Keramik gefüllt und zudem entstehen Risse bzw. löst sich die Haftung an den Flächen der Nut aufgrund von Schrumpfungen während des Aushärtens.

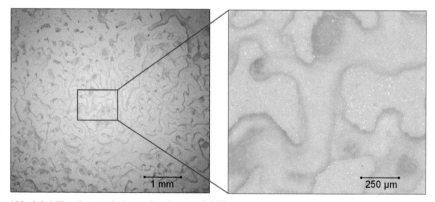

Abb. 5-9: Mikroskop-Aufnahmen der planaren Schicht

Während des Aushärtens entstehen Kanäle aufgrund von Schrumpfungen.

**Planar**

In einer weiteren Idee wird poröses Material zwischen zwei Plättchen angebracht (Variante **Planar**, Abb. 5-5 rechts). Zwei seitliche Flächen werden durch Klebstoff abgedichtet. An den übrig zwei Flächen erfolgt der Durchfluss. Die Eintrittsfläche soll durch Klebstoff abgedichtet werden, jedoch nur bis zu einem kleinen Ausschnitt, in der die Flüssigkeit eindringen kann. Die austretende Fläche soll durch ein Polymer variabel abgedichtet werden (nicht in Abb. 5-5 dargestellt), damit ein einstellbarer Durchfluss erzeugt werden kann.

In dieser Variante folgt eine Abstrahierung, indem auf die Beschichtung einer kleinen Bohrung (mit einem 2,75 mm großen Durchmesser) bzw. die Füllung einer Nut in einer kleinen Bohrung verzichtet wird. Stattdessen wird der Grünling zwischen zwei planare Plättchen aufgetragen. Damit ist die Fertigung in der Variante Planar einfacher.

Durch die Schrumpfung sind auch hier Kanäle entstanden. Zudem löst sich die Haftung bei geringem Kraftaufwand. In Mikroskop-Aufnahmen sind die Kanäle innerhalb der planaren Schicht zu sehen (siehe Abb. 5-9). Damit ist auch diese Variante nicht funktionsfähig.

# Anhänge

## Anhang I  Aus dem Interview mit Herrn Dr. Dirk Rasche

von der Klinik für Neurochirugie des Universitätsklinikum Schleswig-Holstein (UKSH), Campus Lübeck

Die Kandidaten für eine Infusionspumpe (Schmerz- und Spastikpatienten) an der Klinik für Neurochirugie (Universitätsklinikum Lübeck, UKSH) haben bereits durch eine orale Einnahme der Medikamenten oder durch Einnahme mithilfe eines Pflasters (TTS)[23] oder Saft versucht die Schmerzen oder die Spastik in den Griff zu bekommen. Da die Behandlungen erfolglos waren oder zu starken Nebenwirkungen geführt haben, wurde für ein Implantat und somit für eine geringere Dosis entschieden.

In dieser Klinik werden im Jahr 20 bis 30 Pumpen bei Patienten implantiert, die die Patienten zum ersten Mal bekommen. Zudem gibt es weitere Implantationen aufgrund eines Wechsels der Pumpe. Zum Beispiel muss die Synchromed II alle sechs Jahre und Medstream alle acht Jahre gewechselt werden.

Wirbelsäulen-, Knie- und Gelenkkrankheiten sind auch am UKSH Lübeck eine der häufigsten Ursachen für chronische Schmerzen. Ebenso sind die im Allgemeinen häufig genutzten Medikamente wie Morphin, Ziconotid (beide auch im in Kombination mit Clonidin) und Baclofen gängig am UKSH. Obwohl das Medikament Hydromorphine in Deutschland für diese Anwendung nicht zugelassen ist, wird es zur Heilung ausprobiert.

Nach der Implantation ist für die Neurochirugie des UKSH wichtig, dass die richtige Dosis für den individuellen Patienten ermittelt wird. Daher wird nur eine einstellbare Infusionspumpe ausgewählt. Die Infusionspumpen der Fa. Tricumed mit konstanter Flowrate werden nur zum Austausch eines bereits implantierten Geräts genutzt.

---

[23] Der Wirkstoff wird direkt in die Polymermatrix der Klebeschicht eingebettet und kontinuierliche abgegeben [107].

# Anhang II  Bisher entwickelte implantierbare Infusionspumpen

Bereits entwickelte Infusionspumpen nach [108]:

| | max. Füllvolumen in ml | Innendruck in bar |
|---|---|---|
| Tricumed IP 2000 V | 10-60 | ca. 2,2-2,5 |
| Codman Archimedes | 20-60 | ca. 2,2-2,5 |
| Anschütz IP 35.1 | 35 | ca. 2,1 |
| Arrow/Therex Modell 3000/ II | 30 | ca. 0,8-1,0 |
| Fresenius VIP 30 | 30 | ca. 0,8-1,0 |
| Infusaid Modell 400 | 47 | ca. 0,8 |
| Infusaid Modell 550 | 30 | ca. 0,8-1,0 |
| Medtronic Isomed | 20- 50 | ca. 2,2-2,5 |
| Medtronic Synchromed EL | 10- 18 | |
| Medtronic Synchromed II | 20- 40 | |
| ANS AccuRX Mod. 5300 | 25 | 0,25-0,63; abhängig vom Füllstand bzw. Federdruck! |

Zurzeit sind Pumpen von der Fa. Medtronic, Fa. Codman und Fa. Tricumed auf dem deutschen Markt erhältlich.

# Anhang III    Auflösungsverhalten in der Software GeoDict

Weitere Beispiele zur Auflösung sind in Abb. III-1, Abb. III-2 und Abb. III-3 zu finden.

In Abb. III-1 wird erneut ein Zylinder-Profil generiert, wobei diesmal die Schnittebene eine Fläche von 6x6 Voxel beträgt. Der Mittelpunkt befindet sich genau am Schnittpunkt der mittleren vier Kontrollvolumens (KV). Bei einem Durchmesser von 1 Voxel wird kein Modell generiert (siehe Abb. III-1 a)). Bei größeren Durchmessern ergeben sich die quadratischen Modelle (rot) aus b.) bis h.). Bilder. Für die Durchmesser von 2 Voxel und 3 Voxel [b) und c)] bzw. 6 Voxel und 7 Voxel (f) und g)) werden dieselben Modelle erzeugt.

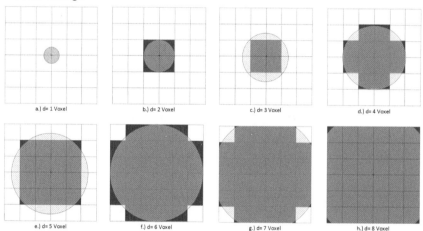

Abb. III-1: Generierung eines Zylindermodells in einem 6x6 Voxel-Gebiet

Werden in den Einstellungen der Software „GeoDict" die Geometrieabmaße eines Zylinders (blau) mit den Durchmessern d= 1 Voxel bis d= 8 Voxel eingegeben und das Strömungsgebiet durch eine Fläche von 6x6 Voxel-Gebiet definiert, entstehen nach der Generierung die roten Modelle.

Des Weiteren sollen Würfeln mit den Kantenlängen von $a$= 1 bis 5 Voxel generiert werden. Die erwünschten Geometrien sind in blau und die reale Auflösung des Modells in rot in Abb. III-2 zu sehen. Die Fläche wird mit 5x5 Voxel aufgelöst und der Mittelpunkt befindet sich im Zentrum des mittleren KVs. Auch hier ist zu beobachten, dass eine Zuordnung im ersten Quadranten geschieht (siehe Abb. III-2 b.) und d.)).

Im Vergleich hierzu werden Würfeln mit den Kantenlängen von $a$= 1 Voxel bis 6 Voxel (blau) in einem Strömungsgebiet, das eine Fläche von 6x6 Voxel besitzt, aufgelöst (siehe Abb. III-3). Auffällig ist die unterschiedliche Auflösung des Würfels mit

der Kantenlänge von 3 Voxel und 5 Voxel (siehe Abb. III-3 c) und e)). In beiden Beispielen befinden sich die Eckpunkte des Würfels (blau) im Zentrum der Voxeln. In c)
wird ein kreuzförmiges Modell aufgelöst, dagegen löst sich das Beispiel aus e) anders
auf.

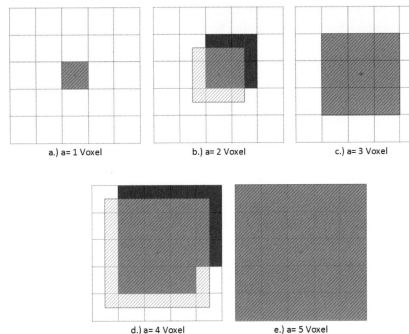

Abb. III-2: Generierung eines Quadrats (blau) in einem 5x5-Voxel-Gebiet

Werden in den Einstellungen die Daten eines Quadrats mit den Kantenlängen a= 1 Voxel bis a= 5
Voxel in einem 5x5-Voxel-Gebiet eingegeben, so werden die roten Modelle, deren Querschnitte in a)
bis e) zu sehen sind, erzeugt.

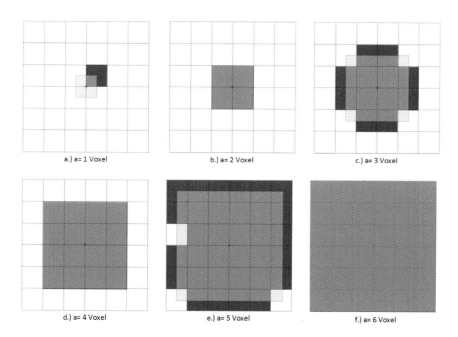

a.) a= 1 Voxel  b.) a= 2 Voxel  c.) a= 3 Voxel

d.) a= 4 Voxel  e.) a= 5 Voxel  f.) a= 6 Voxel

Abb. III-3: Generierung eines Quadrats (blau) in einem 6x6-Voxel-Gebiet

Hier wurde in den Einstellungen der Software die Daten von Quadraten mit den Kantenlängen a= 1 Voxel bis a= 6 Voxel in einem 6x6-Voxel-Gebiet eingegeben.

## Anhang IV      Das Gesetz von Darcy aus dem Jahr 1856

*" A city that cares for the interest of the poor class should not*
*limit their water, just as daytime and light are not limited "*

ist ein Zitat aus dem Jahr 1856 von Henry P.G. Darcy (1803,1958), einem französischen Wissenschaftler und Ingenieur aus Dijon [109]. Darcy hatte sich über Jahrzehnte für sauberes Wasser für seine Mitmenschen engagiert.

Mit seinen Kollegen gelang es ihm für die Stadt Dijon insgesamt 141 Brunnen zu bauen, die je einen Abstand von 100 m zueinander hatten. Betrachtet man die damalige Einwohnerzahl, so entspricht dies je einem Brunnen für 200 Menschen. Für die Versorgung der Brunnen wurden zwei Wasserspeicher installiert, die durch 13,5 km lange Rohleitungen aus der Quelle „Rosoir" versorgt wurden. In Abb. IV-1 ist links der Wasserspeicher „Chateau d'Eau" abgebildet, der heute als einer der elegantesten Wasserspeicher gilt.

Im 19. Jahrhundert gab es aus verschiedenen europäischen Ländern Informationen über Versuche mit Filtern, jedoch keine allgemeingültige Beschreibung des Durchflusses durch poröse Medien. Die verschiedenen Experimente wiesen Unterschiede in Porosität (e.g. Sandsorte), Geometrie des Mediums (Länge und Durchmesser), dem physikalische Druck des Fluids und der Reinheit des Wassers nach. Dies nahm Darcy zu Kenntnis und setzte sich das Ziel ein physikalisches Gesetz über die Beziehung zwischen den Filter- und Fluidparametern zu beschreiben.

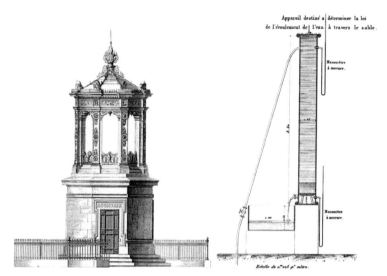

Abb. IV-1: Zeichnungen aus der Veröffentlichung von Darcy [109]

Links: Wasserturm „Porte Guillaume" in Dijon      Rechts: Darcy's Versuchsaufbau zur Charakterisierung des Flows durch poröse Medien

Er startete zwei Versuchsreihen, eine mit 23 Experimenten und eine andere mit 12 Experimenten[24]. Der senkrecht aufgestellte Versuchsaufbau ist in Abb. IV-1 rechts dargestellt. Die Drücke wurden mit einem U-förmigen Quecksilber-Manometer gemessen. Aus den Messungen folgerte Darcy sein Gesetz, das im Original

$$q = \kappa \frac{s}{e}\left(h + e \pm h_0\right)$$

lautet, wobei $q$ der Volumenstrom, $\kappa$ die Permeabilitätskonstante, $e$ die Dicke bzw. Länge des porösen Mediums[25] und $s$ die Oberfläche ist. Der Druck an der Oberfläche im Einlassbereich beträgt $p+h$ (mit dem Atmosphärendruck $p$ und der Höhe $h$) und im Austrittsbereich $p \pm h_0$.

---

[24]    Die beiden Experimente unterschieden sich durch den Druck des Fluids am Ein- bzw. Auslass; in der ersten Versuchsreihe herrschte Atmospherendruck, in der zweiten wurden die Drücke am Ein- und Auslass verschieden variiert.

[25]    Das poröse Medium in Darcys Experiment bestand aus Sand des Flusses „Saone".

## Anhang V    Die effektive Viskosität in der Stokes-Brinkman Gleichung

Die effektive Viskosität aus Gleichung (2.5) ist nicht klar definiert, jedoch gibt es zahlreiche Ansätze, um diese zu beschreiben [110]:

- – T. S. Lundgreen zeigt durch numerische Simulation, dass die effektive Viskosität kleiner oder größer als die Fluidviskosität werden kann. Nur bei einer Porosität von über 60% sind diese beiden Viskositäten annähernd ähnlich [111].

- – Ochoa-Tapia und Whitaker nähern die effektive Viskosität mit $\mu_{eff} = \dfrac{\mu}{\varepsilon}$ an, wobei $\varepsilon$ die Porosität ist [112].

- – In Saez et al. wird die effektive Viskosität mit der Tortuosität $\tau$ durch $\mu_{eff} = \dfrac{\mu}{\tau}$ beschrieben [113].

- – Nach Liu et al. ist die effektive Viskosität abhängig von der Geometrie und Struktur des porösen Mediums, zudem auch von der Flowrate [110].

Man ist sich aber einig, dass die effektive Viskosität vom porösen Medium und den Floweigenschaften abhängig ist. In den meisten Fällen wird einfachheitshalber die effektive Viskosität gleich der Fluidviskosität gesetzt [79].

# Anhang VI     Die vier Fertigungsverfahren in der Vollzylinder-Variante

Die Abmaße der Proben aus der konventionellen Bohrung (Abmaße in μm):

| Probe | Bohrungsnr. | Durchmesser | Abstand $a$ in μm | Abstand $b$ in μm | Bohrungstiefe in μm |
|-------|-------------|-------------|-------------------|-------------------|---------------------|
| K1    | 1           | 490         | 500               | 1100              | 870                 |
|       | 2           | 480         |                   | 1020              | 870                 |
|       | 3           | 480         |                   | 950,0             | 830                 |
|       | 4           | 470         |                   | 1080              | 872                 |
|       | 5           | 480         |                   |                   | 850                 |
| K2    | 1           | 490         | 420               | 1050,0            | 890                 |
|       | 2           | 480         |                   | 980               | 850                 |
|       | 3           | 490         |                   | 990               | 870                 |
|       | 4           | 500         |                   | 1090              | 870                 |
|       | 5           | 490         |                   |                   | 830                 |

Die Abmaße der Proben aus dem Diamantbohrverfahren (Abmaße in μm):

| Probe | Bohrungsnr. | Durchmesser | Abstand $a$ in μm | Abstand $b$ in μm | Bohrungstiefe in mm |
|-------|-------------|-------------|-------------------|-------------------|---------------------|
| D1    | 1           | 868         | 598               | 1200              | 835                 |
|       | 2           | 912         |                   | 1010              | 855                 |
|       | 3           | 907         |                   | 900               | 825                 |
|       | 4           | 828         |                   | 1100              | 790                 |
|       | 5           | 824         |                   |                   | 835                 |
| D2    | 1           | 789         | 441               | 1010              | 780                 |
|       | 2           | 770         |                   | 990               | 775                 |
|       | 3           | 897         |                   | 1090              | 870                 |
|       | 4           | 833         |                   | 1100              | 840                 |
|       | 5           | 863         |                   |                   | 760                 |

Die Abmaße der Proben aus dem Ulraschallbohren (Abmaße in μm):

| Probe | Bohrungsnr. | Durchmesser | Abstand $a$ in μm | Abstand $b$ in μm | Bohrungstiefe in mm |
|---|---|---|---|---|---|
| US1 | 1 | 500 | 520 | 920 | 870 |
|     | 2 |     |     | 1010 | 870 |
|     | 3 |     |     | 990 | 830 |
|     | 4 |     |     | 920 | 872 |
|     | 5 |     |     |     | 850 |
| US2 | 1 | 500 | 330 | 910 | 880 |
|     | 2 |     |     | 1050 | 880 |
|     | 3 |     |     | 920 | 870 |
|     | 4 |     |     | 910 | 890 |
|     | 5 |     |     |     | 865 |
| US3 | 1 | 500 | 400 | 930 | 850 |
|     | 2 |     |     | 1020 | 880 |
|     | 3 |     |     | 900 | 855 |
|     | 4 |     |     | 900 | 880 |
|     | 5 |     |     |     | 850 |

Die Abmaße der Proben nach dem Excimer-Laser und Schleifprozess (Abmaße in μm):

| Probe | Bohrungsnr. | Durchmesser | Abstand $a$ in μm | Abstand $b$ in μm | Bohrungstiefe in mm |
|---|---|---|---|---|---|
| E+S1 | 1 | 480 | 480 | 1020 | 870 |
|      | 2 | 500 |     | 1010 | 880 |
|      | 3 | 500 |     | 980 | 790 |
|      | 4 | 490 |     | 1010 | 880 |
|      | 5 | 490 |     |     | 820 |

# Anhang VII    Abmaße der Proben US10 bis US50

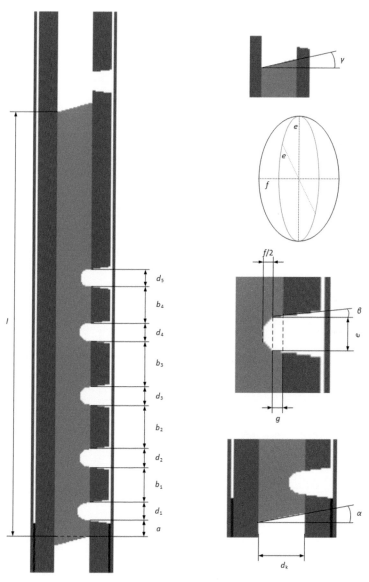

US10:

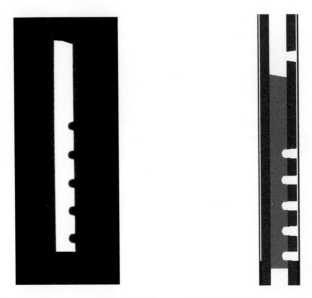

Abb. VII-1: μ-CT-Aufnahme und das Simulationsmodell de Probe US10

| $i$ | $d_i$ in μm | $b_i$ in μm | $a$ in μm | $e$ in μm | $f/2$ in μm | $g$ in μm | $\dfrac{t \text{ in μm}}{f/2+g}$ | $\alpha$ | $\beta$ | $\gamma$ | $d_k$ in μm | $l$ in μm |
|---|---|---|---|---|---|---|---|---|---|---|---|---|
| 1 | 510 | 961 | | 498 | 152 | 202 | 354 | | 4,2° | | | |
| 2 | 522 | 973 | | 498 | 201 | 55 | 256 | | 6,3° | | | |
| 3 | 510 | 1009 | 463 | 498 | 190 | 166 | 356 | 0° | 3,4° | 1,7° | 1057 | 11340 |
| 4 | 498 | 1056 | | 486 | 178 | 178 | 356 | | 1,7° | | | |
| 5 | 510 | | | 486 | 178 | 146 | 324 | | 2,7° | | | |

US30:

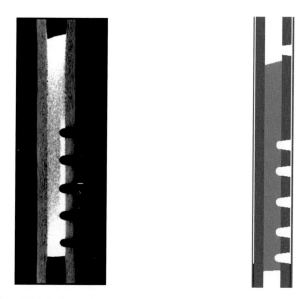

Abb. VII-2: µ-CT-Aufnahme und das Simulationsmodell de Probe US30

| $i$ | $d_i$ in µm | $b_i$ in µm | $a$ in µm | $e$ in µm | $f/2$ in µm | $g$ in µm | $\dfrac{t \text{ in µm}}{f/2+g}$ | $\alpha$ | $\beta$ | $\gamma$ | $d_k$ in µm | $l$ in µm |
|---|---|---|---|---|---|---|---|---|---|---|---|---|
| 1 | 530 | 997 |  | 490 | 198 | 95 | 293 |  | 3,8° |  |  |  |  |
| 2 | 522 | 985 |  | 500 | 165 | 166 | 331 |  | 2,5° |  |  |  |  |
| 3 | 530 | 1040 | 460 | 498 | 165 | 146 | 311 | 1,2° | 1,9° | 6,3° | 1070 | 12250 |
| 4 | 522 | 997 |  | 510 | 174 | 128 | 302 |  | 2,3° |  |  |  |  |
| 5 | 546 |  |  | 510 | 160 | 145 | 305 |  | 2,0° |  |  |  |  |

US40:

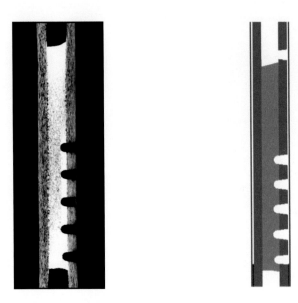

Abb. VII-3: μ-CT-Aufnahme und das Simulationsmodell de Probe US40

| $i$ | $d_i$ in μm | $b_i$ in μm | $a$ in μm | $e$ in μm | $f/2$ in μm | $g$ in μm | $\dfrac{t \text{ in μm}}{f/2+g}$ | $\alpha$ | $\beta$ | $\gamma$ | $d_k$ in μm | $l$ in μm |
|---|---|---|---|---|---|---|---|---|---|---|---|---|
| 1 | 510 | 1009 |     | 486 | 260 | 70  | 330 |      | 3,0° |      |      |       |
| 2 | 520 | 1009 |     | 498 | 273 | 118 | 391 |      | 4,5° |      |      |       |
| 3 | 522 | 973  | 460 | 498 | 296 | 71  | 367 | 2,3° | 1,7° | 4,5° | 1080 | 12270 |
| 4 | 523 | 950  |     | 510 | 273 | 60  | 333 |      | 2,5° |      |      |       |
| 5 | 546 |      |     | 512 | 230 | 83  | 313 |      | 2,8° |      |      |       |

US50:

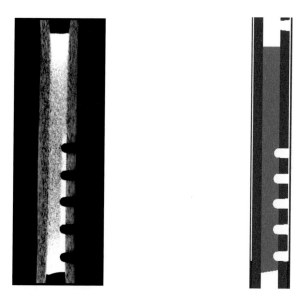

Abb. VII-4: µ-CT-Aufnahme und das Simulationsmodell de Probe US50

| $i$ | $d_i$ in µm | $b_i$ in µm | $a$ in µm | $e$ in µm | $f/2$ in µm | $g$ in µm | $\frac{t \text{ in µm}}{f/2+g}$ | $\alpha$ | $\beta$ | $\gamma$ | $d_k$ in µm | $l$ in µm |
|---|---|---|---|---|---|---|---|---|---|---|---|---|
| 1 | 546 | 1025 | | 522 | 225 | 85 | 310 | | 2,3° | | | |
| 2 | 546 | 985 | | 510 | 226 | 70 | 296 | | 2,7° | | | |
| 3 | 553 | 914 | 541 | 534 | 271 | 56 | 327 | 3,4° | 3,5° | 0° | 1056 | 13160 |
| 4 | 558 | 950 | | 546 | 226 | 110 | 336 | | 2,2° | | | |
| 5 | 546 | | | 510 | 225 | 95 | 320 | | 4,5° | | | |

## Anhang VIII Quecksilberporosimetrie in der Röhrchen-Variante

Die Messwerte zur Bestimmung der Porengröße der Röhrchen R1 (0,41 mm Porengröße), R3 (0,2 μm) und R4 (0,11μm) anhand einer Quecksilberporosimetrie (Quelle: Fraunhofer IKTS, Hermsdorf):

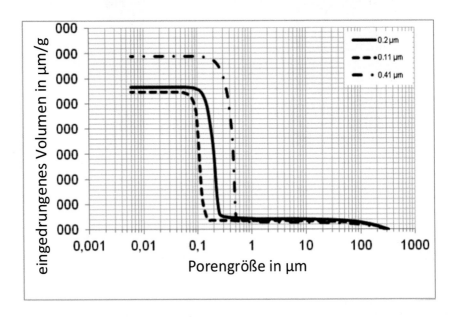

# Anhang IX     Defekte in der Röhrchen-Variante

Bei Berührung bzw. durch Reibung von metallischen Gegenständen (wie z.b. Skalpell) an der Keramik lagern sich metallische Partikel an der Keramik ab:

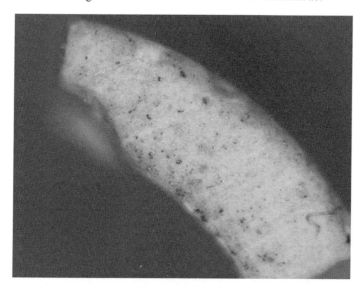

Beim Hin- und Herbewegen des Stiftes wird die Polymerdichtung so stark belastet, dass sich der „Teller" vom restlichen Körper abtrennt.

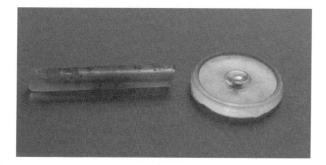

# Anhang X      Geometriebestimmung der Röhrchen

Beispielaufnahmen zur Bestimmung der Abmaße eines Röhrchens, die für die Permeabilitätsmessung verwendet wurde:

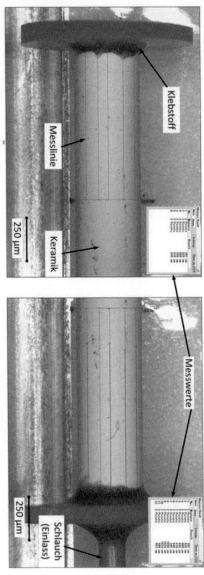

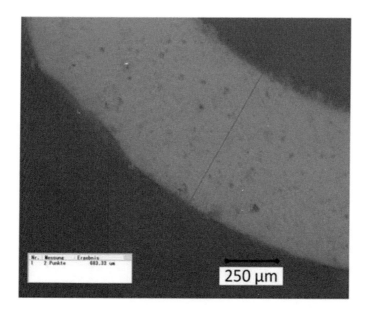

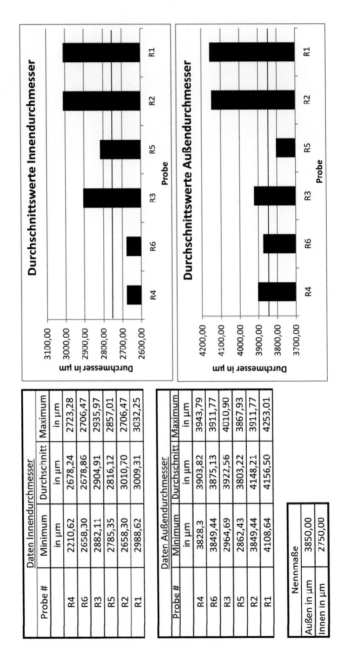

**Durchschnittswerte Innendurchmesser**

**Durchschnittswerte Außendurchmesser**

Daten Innendurchmesser

| Probe # | Minimum in µm | Durchschnitt in µm | Maximum in µm |
|---|---|---|---|
| R4 | 2210,62 | 2678,24 | 2723,28 |
| R6 | 2658,30 | 2678,86 | 2706,47 |
| R3 | 2882,11 | 2904,91 | 2935,97 |
| R5 | 2785,35 | 2816,12 | 2857,01 |
| R2 | 2658,30 | 3010,70 | 2706,47 |
| R1 | 2988,62 | 3009,31 | 3032,25 |

Daten Außendurchmesser

| Probe # | Minimum in µm | Durchschnitt in µm | Maximum in µm |
|---|---|---|---|
| R4 | 3828,3 | 3903,82 | 3943,79 |
| R6 | 3849,44 | 3875,13 | 3911,77 |
| R3 | 2964,69 | 3922,56 | 4010,90 |
| R5 | 2862,43 | 3803,22 | 3867,93 |
| R2 | 3849,44 | 4148,21 | 3911,77 |
| R1 | 4108,64 | 4156,50 | 4253,01 |

| Nennmaße | |
|---|---|
| Außen in µm | 3850,00 |
| Innen in µm | 2750,00 |

Tabellarische Darstellung der Abmaße der Röhrchen R1 bis R6:

# Anhang XI   Permeabilitätsmessung ZrO₂-Vollzylinder

Probe VZA:

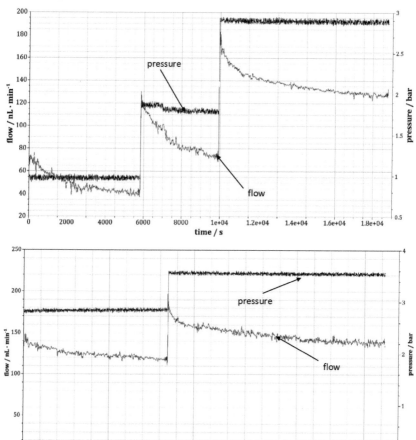

Probe VZB:

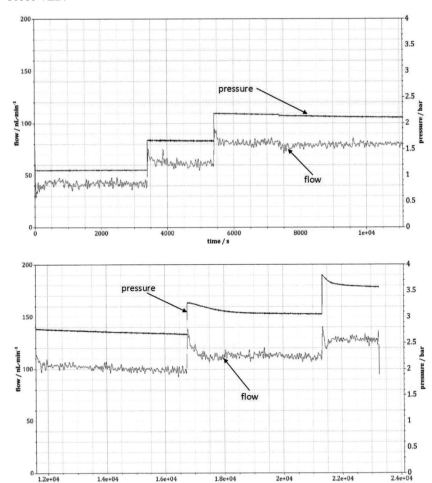

# Anhang XII    Messwerte der Proben US10 bis US50

Probe US10 (Messwerte in nl/min)

| Bohrung | Zyklus 1 | Zyklus 2 | Zyklus 3 | Zyklus 4 | Zyklus 5 | Zyklus 6 | Zyklus 7 | Zyklus 8 | Zyklus 9 | Zyklus 10 | Abw. in % |
|---|---|---|---|---|---|---|---|---|---|---|---|
| 0 | 125 | 125 | 124 | 124 | 122 | 123 | | | | | 2,4 |
| 1 | 198 | 204 | 199 | 205 | 206 | 207 | 196 | 197 | 199 | 198 | 5,3 |
| 2 | 253 | 257 | 256 | 257 | 259 | 259 | 250 | 252 | 249 | 252 | 3,9 |
| 3 | 351 | 357 | 349 | 360 | 354 | 358 | 343 | 345 | 355 | 347 | 4,7 |
| 4 | 561 | 562 | 559 | 563 | 567 | 569 | 549 | 552 | 549 | 552 | 3,5 |
| 5 | 1385 | | 1364 | | 1340 | | 1360 | | 1330 | | 4,0 |

Probe US30 (Messwerte in nl/min)

| Bohrung | Zyklus 1 | Zyklus 2 | Zyklus 3 | Zyklus 4 | Zyklus 5 | Zyklus 6 | Zyklus 7 | Zyklus 8 | Zyklus 9 | Zyklus 10 | Abw. in % |
|---|---|---|---|---|---|---|---|---|---|---|---|
| 0 | 99 | 100 | | 102 | | 101 | | 101 | | 99 | 2,9 |
| 1 | 174 | 174 | 173 | 176 | 175 | 175 | 173 | 174 | 171 | 172 | 2,8 |
| 2 | 220 | 219 | 221 | 222 | 220 | 219 | 218 | 223 | 217 | 217 | 2,7 |
| 3 | 308 | 308 | 309 | 310 | 308 | 308 | 304 | 306 | 301 | 293 | 5,4 |
| 4 | 488 | 489 | 491 | 490 | 490 | 488 | 484 | 484 | 478 | 473 | 3,6 |
| 5 | 1224 | | 1209 | | 1208 | | 1222 | | 1199 | | 2,0 |

## Probe US40 (Messwerte in nl/min)

| Bohrung | Zyklus 1 | Zyklus 2 | Zyklus 3 | Zyklus 4 | Zyklus 5 | Zyklus 6 | Zyklus 7 | Zyklus 8 | Zyklus 9 | Zyklus 10 | Abw. in % |
|---|---|---|---|---|---|---|---|---|---|---|---|
| 0 | 105 | 107 | | 107 | | 105 | | x | | | 1,9 |
| 1 | 201 | 199 | 200 | 205 | 198 | 194 | x | x | x | x | 5,4 |
| 2 | 257 | 255 | 254 | 257 | 242 | 242 | x | x | x | x | 5,8 |
| 3 | 351 | 348 | 352 | 354 | 335 | 338 | x | x | x | x | 5,4 |
| 4 | 562 | 571 | 574 | 575 | 560 | 566 | x | x | x | x | 2,6 |
| 5 | 1589 | | 1663 | | 1607 | | x | | x | | 4,4 |

## Probe US50 [Messwerte in nl/min]

| Bohrung | Zyklus 1 | Zyklus 2 | Zyklus 3 | Zyklus 4 | Zyklus 5 | Zyklus 6 | Zyklus 7 | Zyklus 8 | Zyklus 9 | Zyklus 10 | Abw. in % |
|---|---|---|---|---|---|---|---|---|---|---|---|
| 0 | 98 | 99 | | 99 | | 98 | | 100 | | 102 | 3,9 |
| 1 | 187 | 188 | 189 | 188 | 189 | 188 | 187 | 188 | 185 | 187 | 2,1 |
| 2 | 238 | 239 | 240 | 238 | 241 | 238 | 241 | 239 | 235 | 238 | 2,5 |
| 3 | 324 | 325 | 320 | 321 | 323 | 321 | 322 | 325 | 322 | 319 | 1,8 |
| 4 | 510 | 509 | 509 | 507 | 509 | 509 | 509 | 513 | 506 | 508 | 1,4 |
| 5 | 1247 | | 1264 | | 1264 | | 1246 | | 1236 | | 2,2 |

# Anhang XIII    Permeabilitätsmessung Röhrchen

Erste Messreihe:

Probe R1

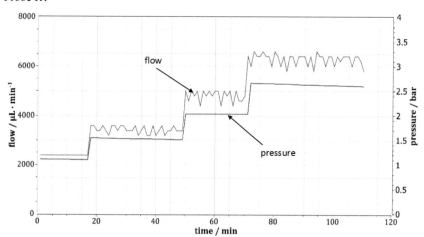

Probe R2

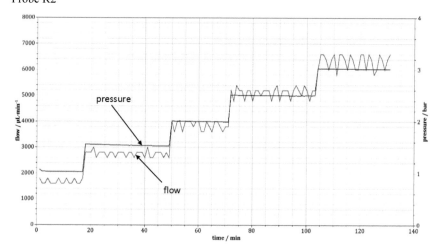

Probe R3

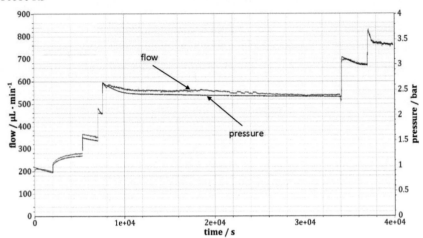

Probe R4

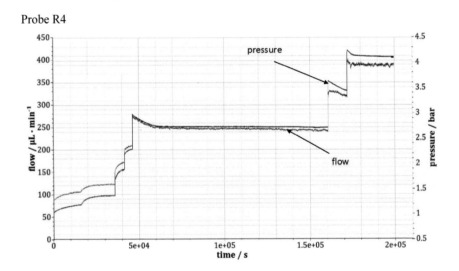

Probe R5

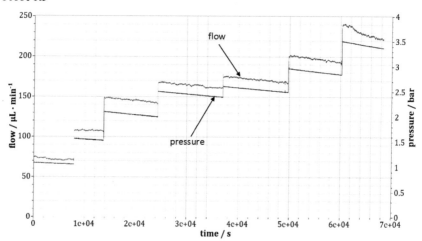

Zweite Messreihe

Probe R3

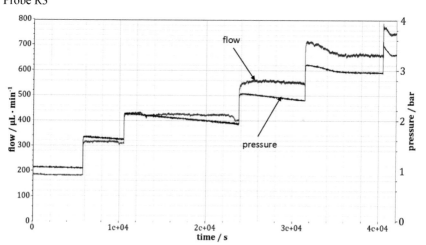

Probe R4

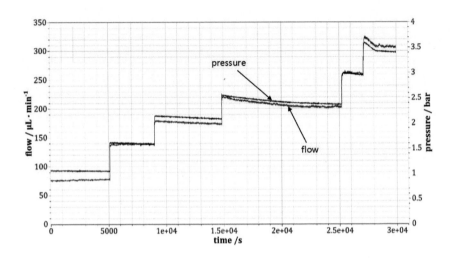

Probe R5

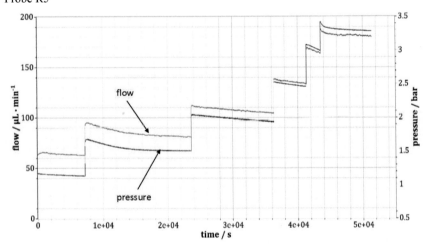

# Literaturverzeichnis

[1]  Rothstein, D., Zenz, M. 2005. *Chronischer Schmerz im ärztlichen Alltag*. Internist 46, 10, 1122–1132.

[2]  Reichel, G. 2009. *Therapieleitfaden Spastik - Dystonien*. UNI-MED science. UNI-MED-Verl., Bremen.

[3]  Schwarz, M. 2008. *Spastik*. In *Kompendium der neurologischen Pharmakotherapie*, F. Block, Ed. Springer, Berlin, Heidelberg, 1–24.

[4]  Merz Pharmaceuticals. 2012. *Spastik* http://www.spastikinfo.de/spastik/index.jsp. Accessed 5 September 2012.

[5]  Deutsche Schmerzliga e.V. 2013. *Schmerzen in Europa*. http://www.schmerzmessen.de/daten-fakten/schmerzen-in-europa.html. Accessed 8 Juli 2013.

[6]  Smith, T. J., Coyne, P. J., Staats, P. S., Deer, T., Stearns, L. J., Rauck, R. L., Boortz-Marx, R. L., Buchser, E., Català, E., Bryce, D. A., Cousins, M., Pool, G. E. 2005. *An implantable drug delivery system (IDDS) for refractory cancer pain provides sustained pain control, less drug-related toxicity, and possibly better survival compared with comprehensive medical management (CMM)*. Annals of Oncology 16, 5, 825–833.

[7]  Kollewe, K., Dengler, R. 2013. *Therapie der Spastik*. In *Die neurologisch-neurochirurgische Frührehabilitation*, J. D. Rollnik, Ed. Springer, Berlin, Heidelberg, 155–172.

[8]  Smith, T. 2002. *Randomized Clinical Trial of an Implantable Drug Delivery System Compared With Comprehensive Medical Management for Refractory Cancer Pain: Impact on Pain, Drug-Related Toxicity, and Survival*. Journal of Clinical Oncology 20, 19, 4040–4049.

[9]  Osenbach, R., Burchiel, K. 1998. *Implantable Drug Delivery Systems*. In *Current Techniques in Neurosurgery*, M. Salcman, Ed. Springer New York, 21-34.

[10]  Koulousakis, A., Kuchta, J., Bayarassou, A., Sturm, V. 2006. *Intrathecal opioids for intractable pain syndromes*. In *Operative Neuromodulation*, D. E. Sakas, B. A. Simpson and E. S. Krames, Eds. Acta Neurochirurgica Supplements. Springer, Vienna, 43–48.

[11]  Schmid P., Schmit S. 2002. *How effective are opioids in relieving neuropathic pain?* Pain Clinic, 14, 183–193.

[12]  Mayfield Clinic and Spine Institute. 2013. *Pain pump Intrathecal drug delivery*. http://www.mayfieldclinic.com/PE-PUMP.htm. Accessed 3 Juli 2013.

[13]  Bonica J. 1990. *The management of pain.* Definitions and taxonomy of pain. Lea & Febiger, Philadelphia.

[14]  Bader, R., Gallachi, G. 2001. *Schmerzkompendium.* Schmerzen verstehen und behandeln; 37 Tabellen. Flexibles Taschenbuch. Thieme, Stuttgart.

[15]  Willweber-Strumpf, A., Zenz, M., Bartz, D. 2000. *Epidemiologie chronischer Schmerzen.* Eine Befragung in 5 Facharztpraxen in Bochum. *Der Schmerz* 14, 2, 84–91.

[16]  Gureje O., Korff M., Simon G., Gater R. 1998. *Persistent pain and well-being: A world health organization study in primary care. JAMA* 280, 2, 147–151.

[17]  Soyka, D., Haase, C., Lindner, V., Stamer, U. 1996. *Der vergessene Schmerz. Der Schmerz* 10, 1, 36–39.

[18]  Manchikanti L., Singh V., Datta S., Cohen S., Hirsch J. 2009. *Comprehensive review of epidemiology, scope, and impact of spinal pain. Pain Physician,* Jul-Aug; 12(4), E35-70.

[19]  Hunt, T. 2003. *Pain in Europe Survey. NFO World Group.*

[20]  Huguet, A., Miró, J. 2008. *The Severity of Chronic Pediatric Pain: An Epidemiological Study. The Journal of Pain* 9, 3, 226–236.

[21]  Elliott, A., Smith, B., Hannaford, P., Smith, W., Chambers, W. 2002. *The course of chronic pain in the community: results of a 4-year follow-up study. Pain* 99, 1, 299–307.

[22]  Tobon, A. 2006. *Spastizität. Schweizer Paraplegiker Vereinigung.*

[23]  Henze, T., Flachenecker, P., Zettl, U., Hengsbach, M. 2012. *Ressourcenverbrauch und Kosten der Spastik bei MS in Deutschland – Ergebnisse der MOVE 1 Studie.* Multiple Sklerose I.
     http://registration.akm.ch/einsicht.php?XNABSTRACT_ID=152543&XNSPRACHE_ ID=1&XNKONGRESS_ID=168&XNMASKEN_ID=900.

[24]  Voss, W., Gad, D., Mücke, K.-H., Christen, H.-J. 2009. *Intrathekale Baclofentherapie. Monatsschr Kinderheilkd* 157, 11, 1128–1136.

[25]  Gilmartin, R., Bruce, D., Storrs, B., Abbott, R., Krach, L., Ward, J., Bloom, K., Brooks, W., Johnson, D., Madsen, J., McLaughlin, J., Nadell, J. 2000. *Intrathecal Baclofen for Management of Spastic Cerebral Palsy: Multicenter Trial. Journal of Child Neurology* 15, 2, 71–77.

[26]  Ochs, G., Weinzierl, F., Gudden, W., Struppler, A. 1989. *Intrathekale Baclofen-Therapie bei Spastik. Akt Neurol* 16, 04, 133–137.

[27]  Garriga, J. 2012. *Spasticity in Multiple Sclerosis.* Patients' information leaflet.

[28]  Thomm, M. 2012. *Schmerzmanagement in der Pflege.* Springer-Verlag, Berlin, Heidelberg.

[29] Zenz, M. 2012. *Stufenschema der Schmerztherapie- für alle Schmerzen?* http://www.kvno.de/downloads/iqn/verordnungssicherheit/13062012/vortrag_zenz.pdf . Accessed 20 November 2014.

[30] Bruel, B., Engle, M., Rauck, R., Weber, T., Kapural, L. 2013. *Intrathecal Drug Delivery for Control of Pain*. In *Comprehensive Treatment of Chronic Pain by Medical, Interventional, and Integrative Approaches*, T. R. Deer, M. S. Leong, A. Buvanendran, V. Gordin, P. S. Kim, S. J. Panchal and A. L. Ray, Eds. Springer New York, 637-648.

[31] Brunner, D., Wohak, K. 2011. *Den Schmerz besiegen - mit Infusionspumpen von Tricumed*. http://www.tricumed.de/fileadmin/user_upload/2011_Den_Schmerz_besiegen_Mag__Brunner.pdf. Accessed 24 Oktober 2013.

[32] Pschyrembel, W., Hildebrandt, H. 1998. *Pschyrembel - Klinisches Wörterbuch*. Mit 250 Tabellen. de Gruyter, Berlin.

[33] tricumed Medizintechnik GmbH. 2010. *Broschüre tricumeds Produktlinie IP2000V*. Neue Lebensqualität für Schmerz- und Spastikpatienten, Kiel.

[34] Kapural, L., Szabova, A., Mekhail, N. 2003. *Intraspinal drug delivery routes for treatment of chronic pain and spasticity. Pain and Genetics / Interspinal Drug Delivery for Chronic Pain (Part I)* 1, 4, 254-259.

[35] Forberger, D. 2011. *RowePump- eine neue centifluidische Lösung für die Medizintechnik*. IVAM Stammtisch, Parchim.

[36] Tronnier, V. 2012. *Intrathekale Therapie, Pumpen, Pumpenversagen*. In *NeuroIntensiv*, S. Schwab, P. Schellinger, C. Werner, A. Unterberg and W. Hacke, Eds. Springer Berlin Heidelberg, 359-366.

[37] Rudolf L. 2006. *Der Stellenwert und Einsatz der intrathekalen Schmerztherapie*. Konsensus-Statement. http://www.oesg.at/uploads/tx_abdownloads/files/Konsensus_Schmerzpumpen.pdf. Accessed 6 September 2013.

[38] Resch, H. 1968. *Über die nicht-stationäre Bewegung von Luft und Butandampf durch Holz. Holz als Roh-und Werkstoff* 26, 5, 175-180.

[39] Cordman and Shurtleff, Inc. 2011. *Medstream Pump Brochure*, Raynham, MA 02767.

[40] Likar, R., Ilias, W., Kloimstein, H., Kofler, A., Kress, H., Neuhold, J., Pinter, M., Spendel, M. 2007. *Stellenwert der intrathekalen Schmerztherapie. Schmerz* 21, 1, 15-27.

[41] Blaga, I., Jovanovich, S., Kobrin, B., van Gelder, E. 2009. *Fluidic devices with diaphragm valves*, US8388908 B2.

[42] Bartels Mikrotechnik GmbH. 2009. *Geregelte Mikropumpen- Der Brückenschlag zu medizinischen Anwendungen*. Firmenbroschüre, Dortmund.

[43]    PARtec Gmbh. 2010. *O-run Si200*. Firmenbroschüre, Gräfelfing.

[44] Gensler, H., Sheybani, R., Li, P.-Y., Lo Mann, R., Meng, E. 2012. *An implantable MEMS micropump system for drug delivery in small animals*. Biomed Microdevices 14, 3, 483–496.

[45]    Kohl, M. 2000. *Fluidic actuation by electrorheological microdevices*. Mechatronics 10, 4-5, 583–594.

[46]    Liu, H., Dharmatilleke, S., Tay, Andrew A. O. 2010. *A chip scale nanofluidic pump using electrically controllable hydrophobicity*. Microsyst Technol 16, 4, 561–570.

[47]    Henke, P., Zacharias, V. 2009. *Project 230: VarioPump*. Requirement Specification Infusion Pump, Document 230RS002, Kiel.

[48]    Callister, W. 2007. *Materials science and engineering*. An introduction. Wiley, New York, NY.

[49]    Salmang H., Scholze H.,Telle, R. 2007. *Keramik*. Springer Berlin Heidelberg.

[50]    Hornbogen, E., Eggeler, G., Werner, E. 2012. *Werkstoffe*. Springer, Berlin, Heidelberg.

[51]    Hennicke, H. 1967. *Zum Begriff Keramik und zur Einteilung keramischer Werkstoffe*. Berichte der Deutschen Keramischen Gesellschaft.

[52]    Haase, T., Nützenadel, P. 1968. *Keramik*. Dt. Verl. f. Grundstoffindustrie, Leipzig.

[53]    Kailer, A., Moritz, T., Fries M. 2012. *Eigenschaften keramischer Hochleistungswerkstoffe; Formgebung; Pulveraufbereitung*. Schulungsprogramm des Fraunhofer-Demonstrationszentrums AdvanCer: Teil I, Dresden.

[54]    Carter, C., Norton, M. 2007. *Ceramic Materials*. Science and Engineering. Springer, New York, NY.

[55]    Ashby, M. 1999. *Materials selection in mechanical design*. Butterworth-Heinemann, Oxford, OX, Boston, MA.

[56]    Fritz, A., Schulze, G. 2008. *Fertigungstechnik*. Springer, Berlin, Heidelberg.

[57]    Thormann, A., Teuscher, N., Pfannmöller, M., Rothe, U., Heilmann, A. 2007. *Nanoporous aluminum oxide membranes for filtration and biofunctionalization*. Small 3, 6, 1032–1040.

[58]    Asoh, H., Nishio, K., Nakao, M., Yokoo, A., Tamamura, T., Masuda, H. 2001. *Fabrication of ideally ordered anodic porous alumina with 63 nm hole periodicity using sulfuric acid*. J. Vac. Sci. Technol. B 19, 2, 569.

[59]    Wang, X., Wang, X., Huang, W., Sebastian, P., Gamboa, S. 2005. *Sol–gel template synthesis of highly ordered MnO2 nanowire arrays*. Journal of Power Sources 140, 1, 211–215.

[60]    Lindlar, B. 2001. *Synthese und Modifizierung grossporiger M41S-Materialien*.

[61]   Wilson, J., Hench, L. 1993. *An Introduction to bioceramics.* Advanced series in ce-
       ramics vol. 1. World Scientific, Singapore, River Edge, NJ.

[62]   Piconi, C., Maccauro, G. 1999. *Zirconia as a ceramic biomaterial. Biomaterials* 20, 1,
       1–25.

[63]   Christel, P. 1989. *Zirconia: The second hip generation of ceramics for total hip re-
       placement. Bulleting of the hospital for joint diseases orthopaedic institute,* 49(2),
       170–177.

[64]   Özkurt, Z., Kazazoğlu, E. 2011. *Zirconia dental implants: a literature review. J Oral
       Implantol* 37, 3, 367–376.

[65]   Shikita, T., Oonishi, H., Hamaguchi, T., Nasu, N., Shi, K., Saito, S., Ono, K. 1981.
       *Herstellung und klinische Anwendung von Alumina-KeramikImplantaten in der Or-
       thopädie.* In *Implantate und Transplantate in der Plastischen und Wiederherstellungs-
       chirurgie,* H. Cotta and A. K. Martini, Eds. Springer, Berlin, Heidelberg, 244–248.

[66]   Wintermantel, E., Ha, S.-W. 2009. *Medizintechnik.* Springer, Berlin, Heidelberg.

[67]   Lecheler, S. 2011. *Numerische Strömungsberechnung.* Vieweg+Teubner, Wiesbaden.

[68]   Böckh, P., Saumweber, C. 2013. *Fluidmechanik.* Springer Berlin Heidelberg, Berlin,
       Heidelberg.

[69]   Bierdel, M. 2007. *Der gleichläufige Doppelschneckenextruder.* Grundlagen, Techno-
       logie, Anwendungen. Hanser Verlag, München.

[70]   Schwarze, R. 2013. *CFD-Modellierung.* Springer, Berlin, Heidelberg.

[71]   Math2Market GmbH. 2014. *Homepage Math2Market.*
       http://geodict.de/concept.php?lang=de. Accessed 29 Juni 2014.

[72]   Leenen, J. 2013. *Verification and Optimisation of the flow simulation model of ceram-
       ic throttle used for the flow regulation in implantable infusion pumps.* Master's thesis,
       Fachhochschule Lübeck.

[73]   Schmitz, A. 2012. *Flow simulation through microporous ceramics used as a throttle
       in an implantable infusion pump.* Master's thesis, Fachhochschule Lübeck.

[74]   Wiegmann, A., Planas, B., Glatt E. 2012. *Gad File Format.* Math2Market GmbH,
       Kaiserslautern

[75]   Hering, E., Stohrer, M., Martin, R. 2007. *Physik für Ingenieure.* Springer-Lehrbuch.
       Springer, Berlin.

[76]   Oertel, H., Böhle, M. 2011. *Strömungsmechanik.* Grundlagen - Grundgleichungen -
       Lösungsmethoden - Softwarebeispiele. Studium. Vieweg + Teubner, Wiesbaden.

[77]   Schweizer, B. 2013. *Die Stokes Gleichung.* In *Partielle Differentialgleichungen,* B.
       Schweizer, Ed. Springer-Lehrbuch Masterclass. Springer Berlin Heidelberg, 445–476.

[78]   Coutelieris, F. and Delgado, J., Eds. 2012. *Transport Processes in Porous Media.* Ad-
       vanced Structured Materials. Springer Berlin Heidelberg, Berlin, Heidelberg.

Literaturverzeichnis

[79] Nield, D., Bejan, A. 2013. *Convection in Porous Media*. Springer New York, New York, NY.

[80] Hölting, B., Coldewey, W. 2013. *Hydrogeologie*. Spektrum Akademischer Verlag, Heidelberg.

[81] Poehls, D., Smith, G. 2009. *Encyclopedic dictionary of hydrogeology*. Academic Press/Elsevier, Amsterdam, Boston.

[82] Franzen, P. 1979. *Zum Einfluß der Porengeometrie auf den Druckverlust bei der Durchströmung von Porensystemen*. Rheologica Acta 18, 4, 518–536.

[83] Kaminskii, Y. 1965. *The motion of gases and liquids in porous sintered materials*. Powder Metall Met Ceram 4, 8, 649–654.

[84] Hamdan, M. 1994. *Single-phase flow through porous channels a review of flow models and channel entry conditions*. Applied Mathematics and Computation 62, 2–3, 203–222.

[85] Vafai, K., Tien, C. 1981. *Boundary and inertia effects on flow and heat transfer in porous media*. International Journal of Heat and Mass Transfer 24, 2, 195–203.

[86] Hamdan, M., Kamel, M., Siyyam, H. 2009. *A Permeability Function for Brinkman's Equation*. In *Proceedings of the 11th WSEAS International Conference on Mathematical Methods, Computational Techniques and Intelligent Systems*. MAMECTIS'09. World Scientific and Engineering Academy and Society (WSEAS), Stevens Point, Wisconsin, USA, 198–205.

[87] Brinkman, H. 1949. *A calculation of the viscous force exerted by a flowing fluid on a dense swarm of particles*. Appl. Sci. Res. 1, 1, 27–34.

[88] Johnson, R. 1998. *The Handbook of Fluid Dynamics*. Springer.

[89] Krotkiewski, M., Ligaarden, I., Lie, K.-A., Schmid, D. 2011. *On the Importance of the Stokes-Brinkman Equations for Computing Effective Permeability in Karst Reservoirs*. CiCP, 1315–1332.

[90] Wiegmann, A., Glatt, E. 2010. *Persönliche Mitteilung*. Schulung: Einführung in GeoDict.

[91] Dogan, M. 2011. *Coupling of porous media flow with pipe flow*, Universitätsbibliothek der Universität Stuttgart.

[92] Beavers, G., Joseph, D. 1967. *Boundary conditions at a naturally permeable wall*. J. Fluid Mech. 30, 01, 197.

[93] Ferziger, J., Peric, M. 2008. *Numerische Strömungsmechanik*. Springer, Berlin, Heidelberg.

[94] Laurien, E., Oertel, H. 2011. *Numerische Strömungsmechanik*. Grundgleichungen und Modelle - Lösungsmethoden - Qualität und Genauigkeit. Vieweg + Teubner, Wiesbaden.

[95] Kuo, H. 2012. *Solution Algorithms for Pressure-Velocity Coupling in Steady Flows.* http://memo.cgu.edu.tw/hsiu-po/CFD/Note%206.pdf. Accessed 19 November 2014.

[96] Freundl, C., Rüde, U. 2008. *Gauß-Seidel Iteration zur Berechnung physikalischer Probleme.* In *Taschenbuch der Algorithmen*, B. Vöcking, H. Alt, M. Dietzfelbinger, R. Reischuk, C. Scheideler, H. Vollmer and D. Wagner, Eds. eXamen.press. Springer, Berlin, Heidelberg, 313–321.

[97] Rutka, V., Wiegmann, A., Cheng, L., St. Rief, Planas, B. 2013. *FlowDict Tutorial.* GeoDict 2012. Predicting Fluid Flow with Flow Dict, Kaiserslautern.

[98] Interspeed GmbH. 2014. *LessStress Premium.* Firmenbroschüre, Steinhagen.

[99] Heisel, U., Eisseler, R., Eber, R., Wallaschek, J., Twiefel, J., Huang, M. 2011. *Ultrasonic-assisted machining of stone. Prod. Eng. Res. Devel.* 5, 6, 587–594.

[100] Henke, P., Zacharias, V., Otto, K.-H. 2010-2014. *VarioPump Meeting.* Projekttreffen (2010-2014).

[101] Sensirion AG. 2014. *CMOSens bei Massenflussensoren für Flüssigkeiten.* http://www.sensirion.com/de/technologie/fluessigkeiten/. Accessed 22 August 2014.

[102] Jameson, G., Davidson, J. 1966. *The motion of a bubble in a vertically oscillating liquid: theory for an inviscid liquid, and experimental results. Chemical Engineering Science* 21, 1, 29–34.

[103] Rippin, D., Davidson, J. 1967. *Free streamline theory for a large gas bubble in a liquid. Chemical Engineering Science* 22, 2, 217–228.

[104] Weast, R., Ed. 1988. *CRC handbook of chemistry and physics.* CRC Press, Boca Raton, FL.

[105] Caronni, E. 2007. *Über die Verfärbung von Morphin Hydrochlorid.* Berichte aus der Pharmazie. Shaker Verlag, Aachen.

[106] Otto, K.-H. 2013. *Projekt.* VarioPump : intelligente implantierbare gasgetriebene Infusionspumpe ; Abschlussbericht ; BMBF Programm "Intelligente Implantate", Kiel [u.a.].

[107] Benrath, J., Hatzenbühler, M., Fresenius, M., Heck, M. 2012. *Repetitorium Schmerztherapie.* Springer Berlin Heidelberg, Berlin, Heidelberg.

[108] Medizintechnik Promedt GmbH. 2008. *Standard-Auffüllset für implantierbare Infusionspumpe Tricumed IP 2000 V.* sowie zur Wiederbefüllung folgender Pumpen: Codman Archimedes; Anschütz IP35.1; Arrow/Therex Modell 3000/II; Fresenius VIP 30; Infusaid: Modell 400/550; ANS: AccuRX Mod. 5300; Medtronic: Isomed, Synchromed EL, Synchromed II.

[109] Simmons, C. 2008. *Henry Darcy (1803–1858): Immortalised by his scientific legacy. Hydrogeol J* 16, 6, 1023–1038.

[110] Vafai, K., Shijie Liu, Jacob H. Masliyah. 2005. *Handbook of porous media*. Dispersion of Porous Media. Taylor & Francis, Boca raton.

[111] Lundgren, T. 1972. *Slow flow through stationary random beds and suspensions of spheres*. *J. Fluid Mech.* 51, 02, 273.

[112] Ochoa-Tapia, J., Whitaker, S. 1995. *Momentum transfer at the boundary between a porous medium and a homogeneous fluid—II. Comparison with experiment. International Journal of Heat and Mass Transfer* 38, 14, 2647–2655.

[113] Saez, A., Perfetti, J., Rusinek, I. 1991. *Prediction of effective diffusivities in porous media using spatially periodic models. Transp Porous Med* 6, 2.

# Aktuelle Forschung Medizintechnik – Latest Research in Medical Engineering

Herausgeber: Prof. Dr. Thorsten M. Buzug

Institut für Medizintechnik, Universität zu Lübeck

**Themen**
Werke aus folgenden Themengebieten werden gerne in die Reihe aufgenommen: Biomedizinische Mikro- und Nanosysteme, Elektromedizin, biomedizinische Mess- und Sensortechnik, Monitoring, Lasertechnik, Robotik, minimalinvasive Chirurgie, integrierte OP-Systeme, bildgebende Verfahren, digitale Bildverarbeitung und Visualisierung, Kommunikations- und Informationssysteme, Telemedizin, eHealth und wissensbasierte Systeme, Biosignalverarbeitung, Modellierung und Simulation, Biomechanik, aktive und passive Implantate, Tissue Engineering, Neuroprothetik, Dosimetrie, Strahlenschutz, Strahlentherapie.

**Autorinnen und Autoren**
Autoren der Reihe sind in der Regel junge Promovierte und Habilitierte, die exzellente Abschlussarbeiten verfasst haben.

**Leserschaft**
Die Reihe wendet sich einerseits an Studierende, Promovenden und Habilitanden aus den Bereichen Medizintechnik, Medizinische Ingenieurwissenschaft, Medizinische Physik, Medizinische Informatik oder ähnlicher Richtungen. Andererseits stellt die Reihe aktuelle Arbeiten aus einem sich schnell entwickelnden Feld dar, so dass auch Wissenschaftlerinnen und Wissenschaftler sowie Entwicklerinnen und Entwickler an Universitäten, in außeruniversitären Forschungseinrichtungen und der Industrie von den ausgewählten Arbeiten in innovativen Gebieten der Medizintechnik profitieren werden.

**Begutachtungsprozess**
Die Qualitätssicherung erfolgt in drei Schritten. Zunächst werden nur Arbeiten angenommen die mindestens magna cum laude bewertet sind. Im zweiten Schritt wird ein Mitglied des Editorial Boards die Annahme oder Ablehnung des Werkes empfehlen. Im letzten Schritt wird der Reihenherausgeber über die Annahme oder Ablehnung entscheiden sowie Änderungen in der Druckfassung empfehlen. Die Koordination übernimmt der Reihenherausgeber.

**Kontakt**
Prof. Dr. Thorsten M. Buzug
Institut für Medizintechnik
Universität zu Lübeck
Ratzeburger Allee 160
23538 Lübeck, Germany

Tel.: +49 (0) 451 / 500-5400
Fax: +49 (0) 451 / 500-5403
E-Mail: buzug@imt.uni-luebeck.de
Web: http://www.imt.uni-luebeck.de

Stand: November 2014. Änderungen vorbehalten.
Erhältlich im Buchhandel oder beim Verlag.

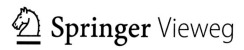

Abraham-Lincoln-Straße 46
D-65189 Wiesbaden
Tel. +49 (0)6221. 345 - 4301
www.springer-vieweg.de

Printed in the United States
By Bookmasters